建筑品览

国家科学技术学术著作出版基金资助出版

# 建筑品质
# ——基于工艺技术的建筑设计与审美

国 萃 著

北京市建筑设计研究院有限公司

中国建筑工业出版社

**图书在版编目（CIP）数据**

建筑品质——基于工艺技术的建筑设计与审美／国萃著. —北京：中国建筑工业出版社，2015.6
ISBN 978-7-112-18173-5

Ⅰ.①建… Ⅱ.①国… Ⅲ.①建筑设计 Ⅳ.①TU2

中国版本图书馆CIP数据核字（2015）第122065号

从建筑实践角度讲，凡高品质建筑一定是精湛的工艺技术的产物。只有将建筑形式落实到工艺技术中，建筑的美才能够具备根深蒂固的生命力，才能够不随时代潮流的更迭而褪色。本书所讨论的核心内容就是以工艺技术为基础的建筑审美判断，即建筑品质。

笔者通过对建筑品质基本理论的研究，明确了建筑品质是工艺经验与判断经验相互作用的产物；建筑师判断建筑品质的基本原则是在特定的媒介条件下，工艺经验的圆满完成及其与判断经验的耦合；其中，建筑活动过程中的精度控制与细部设计是工艺经验的圆满完成的核心问题。笔者结合历史背景、文化环境等因素从材料、工具、动力、工法等几方面对典型的高品质建筑进行分析，用具体案例进一步说明了如何实现工艺经验的圆满完成，如何使其与观者的审美判断产生耦合，形象地阐述了高品质建筑设计与审美判断的方法。

责任编辑：陈 桦 王 惠
书籍设计：京点制版
责任校对：张 颖 姜小莲

国家科学技术学术著作出版基金资助出版
**建筑品质——基于工艺技术的建筑设计与审美**
国 萃 著
北京市建筑设计研究院有限公司
*
中国建筑工业出版社出版、发行（北京西郊百万庄）
各地新华书店、建筑书店经销
北京京点图文设计有限公司制版
北京盛通印刷股份有限公司印刷
*
开本：787×1092 毫米 1/16 印张：12¾ 插页：2 字数：250千字
2015年12月第一版 2015年12月第一次印刷
定价：58.00元
ISBN 978-7-112-18173-5
(27394)

# 序　一 PREFACE

十几年来，我一直致力于讨论和宣扬建筑的工艺技术对建筑艺术和建筑美的作用。发表《从 Hi-skill 到 Hi-tech》、《中国建筑呼唤精致性》、《建筑、艺术与技术》、《建筑细部与工艺技术》等文章和讲演，指出："长期以来中国的建筑设计，就建筑艺术而言，只着重空间与形式的创作，却忽略了 detail design（细部设计）、tectonic（建构）设计和建造的工艺技术。我们在建筑上已经丢失了传统的手工技艺，却又没有进入工业制造的现代工艺阶段，粗糙，没有细部，不能近看，不能细看，不耐看。要说现阶段中国建筑与国外的差距，这个方面可能是最主要的。" 这个问题就是建筑 "品质"。

前些年和研究生交谈，我说过：（中国建筑）20 世纪 80 年代讲 "文脉"，90 年代讲 "文化"，这几年讲 "绿色"，再过一些年会讲什么呢？讲 "品质"！在经济快速增长期过去之后，速度放缓了，建设量相对减少了，但绝对经济水准和经济实力已经大大提高的时候，对建筑的要求一定会讲 "品质"——品位和质量。

17 世纪法国的一个医生兼建筑师、法兰西院士 Claude Perrault，提出有两种建筑美：

positive beauty（positive 的词义：实在的、确实的、肯定的、积极的、绝对的、正的）

arbitrary beauty（arbitrary 的词义：武断的、专制的、独裁的、随意的、任意的）

他把材质、工艺技术归结于 positive beauty；把形式、风格归结于 arbitrary beauty。

建筑的 "arbitrary beauty"，即从风格、形式所体现的建筑美，可以随时代、地域、民族、社会与文化而变化，甚至在一个时代可以对以前的建筑风格、形式提出批判和加以否定，但 "positive beauty" 却可能是永久的。

"positive beauty" 与建造者的技艺（skill），建造的技术（technology），建造的精心（carefully）有关。

世界各国经典的传统建筑，尽管因时代、地域、文化的不同，而具有不同的形式和风格，"arbitrary beauty" 不同，但它们都是那个时代的人们精湛技艺（Hi-skill）和精心（carefully）建造的成果，即具有高度的 "positive beauty"。

"positive beauty" 是建筑品质的基础。盖房子好比做服装，那些明星建筑师们引导风格潮流的作品，好比在 T 型台上模特儿展示的时装。时装表达的是 "arbitrary beauty"，当然时装也要精心剪裁和制作，才能有品质。但社会对“时装”的需要毕竟是少量的，由绝大多数建筑师设计建造的绝大多数房子是“服装”而非“时装”。而剪裁得体、选材精良、做工精湛的高档服装展现的是“positive beauty”，是高品质。至于那些粗制滥造却又新奇特异的东西，只能是廉价的地摊货，低品质——既无品位又无质量。遗憾的是许多领导、业主和开发商们就是要“洋”、要“标志性”、要“形式新颖”、“与众不同”，他们总是要“时装”，却在工艺技术和设计建造以及经济条件上不能保证相应的“positive beauty”，以至于在中国大地上，到处充斥着“奇奇怪怪”的“地摊货”式的建筑。

了解现代工艺技术，能够把握建筑的细部是建筑师的基本功。在大学建筑学专业教育与教学中要把培养学生这方面的知识和能力作为重要的内容，包括艺术（art）和技术（technology）的关系，细部设计（detail design）的概念和实践，建筑材料（building material）的建筑（architecture）表现，现代工艺技术与制造业的基本概念：误差理论、公差配合、精度控制等等。要培养学生对“形”的敏感：尺度、精度、比例等，能敏锐地分辨“增之一分则太长，减之一分则太短”；对“质”的敏感，对材料的特质和内涵的感觉和把握，对材料加工和建造的工艺技术的了解和感知。

要改变在设计院中对建筑设计人员重方案设计、轻技术设计的看法。能把技术设计做得非常漂亮的人应该是宝贵的需要加以稳定的人才，一支高水平的技术设计队伍是需要长期实践积累和磨合才能形成的，这是一个设计单位能够达到和保持高水准的基础，也是建立长久品牌的重要因素。倒是“杀方案”的人某种程度上是可以流动的。

要加强细部设计，把其纳入建筑设计的重要的不可或缺的内容。设计费的提高也是对“精致性”设计必要的补偿，当然，设计的深度和工作量也须相应提高和加大。

国萃从大连理工大学建筑系本科毕业后，以优异的成绩，被保送到清华大学建筑学院读研究生。我作为她的导师，与她商讨，确定她的博士论文选题是有关建筑品质的论题。但不过多涉及“品”，因为建筑审美的品位一定会涉及风格与形式，那论文的范畴太大了。而是把论文的重点放在“质”上，放在建筑的工艺技术方面，论述“质”与“品”的关系，论述工艺技术对建筑审美的保证作用，以及在工艺技术发展下，建筑审美的变化。这本书是在她博士论文的基础上修改出版的。

十分欣喜的是，近些年来中国建筑学界越来越认识到这个方面的重要性，“细部”、“完成度”、“精细性”、“高品质”等词语频繁地出现在建筑设计的各种场合。可以预期，建筑品质一定会成为中国建筑和建筑师的追求。

清华大学建筑学院 教授

# 序　二 PREFACE

纵观历史，高品质建筑是一个城市文化内涵与时代特色的代表。然而，自20世纪初期现代主义进入中国以来，受到战乱、政治环境、意识形态等因素影响，中国建筑并没有完成真正意义上的现代主义转变。很多建筑师将建筑的形式和功能作为最终目标，忽视了工艺技术及其所蕴含的内在艺术价值。这种片面的“现代主义理念”导致了杂乱无章的形式主义、媚俗的象征比附、附庸风雅的拿来主义、粗制滥造的建筑工艺，一些建筑表现为对形式的粗陋模仿和对长官意志的牵强附会，建筑专业本身对于“品质”的理解含混，对于“品质”的概念较弱。这种局面导致了飞速发展的城市中充斥着大量品位质量不高的建筑。直到改革开放之后，这种粗放式的建筑设计在国际化的市场竞争中陷入了前所未有的困境。以北京为例，20世纪90年代最高峰时的年规划审批开复工建筑面积达7000万~8000万平方米，年开复工建筑面积达3000万平方米。建筑项目的面积动辄几十万甚至上百万平方米。尽管建设量令人叹为观止，但是由本土建筑师设计的建筑精品比例却在下降，大量城市地标工程的原创设计权被外国同行获得。

出现这种现象的原因很复杂，但是不可回避的是总体上看本土建筑师作品在设计完成度上与世界先进水平有较大差距。由于设计成果的完成度不够，无法体现良好的理念，无法指导精确的加工，无法赢得市场的满意。如何设计“高完成度的建筑产品”成为本土建筑师当前必须面对的问题。

何谓高完成度的建筑产品呢?

建筑师的本职工作是向社会提供可被市场接受的建筑产品。这个产品在设计阶段应该得到最专业化的整合。它打破了传统个人、专业的局限，而是从建筑整体质量这一高度出发，通过提供专业化和相当深度的成果对建筑产品的生产过程进行最专业化的控制，从而保证建筑产品可以被最终用户整体地接受。高完成度的建筑产品并不代表造价的昂贵，而是在外部条件不变时，高完成度的建筑产品应该是一种最专业的、性价比合理的、物有所值的选择。“高完成度的建筑产品”从技术体系的严谨性、工艺的精细程度、设计的整体性以及建筑分工的专业化程度等方面对建筑设计的全过程提出了明确的要求，使建筑设计的方法趋于理性化与工程化。

进入21世纪之后,从全球视角看,优秀的设计一方面已经达到了“精细制造的精度”,另一方面越来越关注建筑对人的影响。建筑的精细化设计从单纯的技术要求发展到了对技术与艺术综合品质的斟酌。特别是对于技术背后文化意义的挖掘，成为建筑师思考的主要问题之一。在这种情况下，创作能够代表中国文化和时代特征的原创建筑，精准地用工程技术方法实现传达原创建筑的空间氛围与文化内涵，特别是借助信息化建筑设计工具高精度地完成原创作品成为本土建筑师孜孜以求的新目标。建筑师在充分理解与掌握工艺技法、专业分工等实际问题的同时，在原有的“高完成度”的基础上强调了技术与建筑审美的统一性，用纯熟的建筑语汇讲述空间艺术的故事。中国建筑市场对于原创型“高品质建筑作品”的需求日趋显著。

何谓高品质的建筑作品呢?

高完成度地完成建筑工程是市场对成熟建筑师的基本要求。然而在历史演进的过程中，与作为一般性消费品的建筑物相比具有文化意义和美学价值的标志性建筑无疑对社会发展产生了更加积极的作用。建筑师通过适宜性的技术手段创造出具有艺术价值的建筑形式，并通过建筑的形式语言完整地表达了建筑的技术逻辑、内在气质与时代特征，更好地响应了建筑所在的城市环境，这样的建筑通常可以被理解为高品质的建筑作品。建筑的品质评判从根本上讲是审美问题，但并不是虚空的形而上审美，而是需要踏踏实实的技术手段予以支撑的审美。这种建筑审美无处不在，既包括宏观尺度的形式问题，也涉及建筑的细节处理，如建筑是否具有逻辑性、建筑的边角处理是否干净、连接的结构是否清晰等等。正因如此，建筑师需要加强审美的边界，不要停留在设计前期，要把审美贯彻到每一个环节，对于建筑设计过程控制得越细致，建筑品质越高。

今天,数字技术在建筑设计全生命周期的应用越来越深入,在一定程度上拓展了“建筑品质”的内涵。建筑师对流动的、非线性的建筑空间的塑造，对打破专业界限的整体性设计方法的探究，对于建筑设计中时间要素的表达等均给建筑设计作品带来了新的可能性，随之而来的衡量技术与艺术的标准也更加宽泛。

这样看来建筑的品质问题具有技术与艺术双重属性，两者相互作用在客观的约束条件下寻找到理性与感性的平衡，创造出建筑特有的秩序与系统，使建筑更加符合人的需求，更加满足一种整体化对美的需要。

国萃博士的《建筑品质——基于工艺技术的建筑设计与审美》以工艺技术为切入点对于建筑品质问题进行深入论述。这本书并不是在理性与感性的博弈中推崇唯技术论的观点，而是从相对稳定与清晰的工艺技术视角出发，来讨论建筑的审美问题。毕竟从历史的视角来审视建筑发展，材料、动力、工具等技术条件的影响是有规律可循的。以此为脉络，向社会、历史、文化因素延伸，更加有助于客观地认识建筑发展过程中的审美变化与发展趋势。特别是书中提到了“凡高品质建筑一定是精湛的工艺技术的产物”，指出了任何一个时代高品质建筑创作的必然条件。作为一部理论著作，这本书所选择的观察视角具有一定的时代特征。在以往的建筑教育和设计模式中，许多建筑师仅仅关注风格流派和建筑造型，热衷于形式上的新奇，而没有对建筑精品产生的过程有本质的认识。这种盲从使我国许多建筑师始终处于眼高手低的窘境之中。应对这种形式语汇的泛滥、工艺技术意识淡薄的现实问题，本书提出了从工艺技术角度重新理解建筑的观点，为广大青年建筑师与建筑学学生提供了一条更加脚踏实地的探索建筑艺术的方法。

当然，建筑品质是贯穿建筑发展历史始终的一个话题，我们很难在一个特定的时代寻找到一个明确的答案。关于建筑品质的讨论以及创作高品质建筑作品的方法应该随着技术的进步、时代的发展以及大众认知水平的提升而不断地更新。希望这本书能够激发建筑学人对于建筑品质的深入讨论，承担起学术交流的桥梁作用。

北京市建筑设计研究院有限公司执行总建筑师

# 前言 INTRODUCTION

短短百年，中国近现代建筑发展迅猛。然而，令人心潮澎湃的方案图落实到工程层面，却总是避免不了“粗制滥造”的尴尬；缺乏内在文化价值和技术逻辑的建筑形式与具象的形式比附，难掩乏味与媚俗之感。那些“奇奇怪怪的建筑”引发了建筑学人对于建筑本质与未来发展的反思。

没有恰当的建筑材料、准确的构造设计、精致细腻的工法，建筑的形式美如何实现？

在中国近现代建筑发展过程中是否存在对建筑工艺表现的审美判断？

学界用怎样的概念来描述基于工艺表现的审美判断？

中国建筑20世纪80年代讲“文脉”，90年代讲“文化”，进入新千年讲“绿色”，再过一些年讲什么？

从数千年的建筑实践中不难得出这样的经验：凡高品质建筑一定是精湛的工艺技术的产物。只有将建筑形式落实到工艺技术中，建筑的美才能够具备根深蒂固的生命力，才能够不随时代潮流的更迭而褪色。而这种以工艺技术为基础的建筑审美判断可以称之为“品质”。提升建筑品质是对于建筑本质问题的深入探讨，是未来中国建筑发展的方向。

从土茨茅阶开始，工艺技术始终是建筑发展的必要条件。将其与建筑审美联系起来进行研究开始于19世纪中后期。在工业革命的促动下，理论界出现了两种建筑审美判断的思潮：其一是“破除意识形态强制下的形式审美原则”；其二是“基于技术发展而提出的理性主义审美原则”。两者是一对相互关联的美学思潮，前者“破”了传统形式的禁锢，后者针对时代背景“立”了与时代发展和技术发展相适应的新原则。这一阶段的建筑界关于“美”的探讨基本上围绕着材料、结构、构造等工艺问题展开。在英国，拉斯金（John Ruskin）和莫里斯（William Morris）倡导的工艺美术运动以“工艺技术是塑造建筑之美的基本途径”为主导思想；在法国，以舒瓦西（Chaussees Auguster Choisy）、佩雷（Auguste Perret）为先锋的现代主义建筑师提出了“建筑的形式创作源于材料与结构”；在德国，卡尔·博迪舍（Karl Boetticher）和戈特弗雷德·森佩尔（Gottfried Semper）认为“客观条件构成了必然性的建筑雏形，这是建筑概念的最简单表达，其调整受限于那些在形式发展中应用的材料，也受限于让它成为时尚的工具”[23]78。20 世纪中叶，以工艺技术的完美展现作为建筑审美判断依据的思潮进一步发展。肯尼斯·弗兰姆普敦（Kenneth Frampton）在《建构文化研究》一书中全面、深入地阐述了材料、结构、构造在建筑表现中的重要作用，并对工艺产生的原动力、工艺所反映的文化特征进行了详细阐述[26]469-472。时至今日，以德梅隆与赫尔佐格（Herzog & de Meuron）、彼得·卒姆托（Peter Zumthor）为代表的建筑师仍然坚持挖掘建筑工艺技术的表现力，并尝试运用工艺技术的表达来诠释时代更迭中的文化现象。

对比西方近现代建筑发展的历史，中国建筑由于受到文化、政治、经济等因素影响，一方面传统的建筑工艺技术没有得到继承和发展；另一方面现代主义建筑的发展表现出强烈的形式主义倾向，工艺技术体系不完善。

首先，中国现代主义建筑发展初期面临着传统工艺的割裂和西式工艺的片段式引入的局面。1840 年鸦片战争之后，广州、福州、厦门、宁波、上海、天津、汉口等 16 个城市先后开辟为通商口岸，外国人争先恐后地来到中国淘金。为了生活、生产的便利，他们带来了西方的建筑工艺技术、建筑工匠和建筑材料，在使领区修建大量西式房屋。西式房屋先进的给排水设施、坚固的建筑结构、舒适的居住环境，使中国人对其趋之若鹜[98]60。在这种情况下，传统中式建筑的需求量减少，掌握传统工艺技术的工匠生活窘迫、社会地位卑微，甚至被迫转行，传统工艺后继乏人。建筑工艺的状况正如唐文治在为《建筑新法》作的序言所说：“神州古籍，蔑视工巧，讳言匠事，周礼冬官大司空之所掌则在建邦之事，独未及百工，鲁班遗书，工家崇为圭臬，而参涉谬妄等于郢书燕说，故百工之业简陋不备，无一可传，殆为神州之绝学矣”[2]183。

其次，中国建筑受到权力至上的形式主义和杂乱无章的形式主义影响。形式主义占主导的设计潮流在中国近现代建筑发展中尤为普遍。20 世纪初，在洋务运动的影响下以柳士英为代表的实践建筑师大力推崇古希腊、古罗马的优秀建筑，建造了一批西洋风格的建筑[2]。1927 年，国民政府成立，提出了“国家至上、民族至上、效能至上”的艺术工作指导原则。在这种思想的指导下，掀起了一阵建设民族形式建筑的热潮，建造了一大批以大屋顶为特征的中式折中主义建筑。新中国建国初期，向苏联专家学习的国家政策将建筑发展引向了社会主义形式。1956 年，苏联社会主义样式的建筑作为推崇个人英雄主义的典型代表遭到严厉批评，社会主义样式在中国就此销声匿迹。在长达 150 多年的历史发展中，中国近现代建筑作为权力的象征随着政治导向东摇西摆，建筑形式作为政治符号无序地更迭。

改革开放之后，伴随着建筑市场的日趋活跃、国际化趋势的增强，大批国外建筑事务所进入中国市场，安德鲁设计的国家大剧院、福斯特设计的北京T3航站楼、KPF事务所设计的上海环球金融中心、赫尔佐格 & 德梅隆设计的鸟巢、库哈斯设计的CCTV新楼、哈迪德设计的广州歌剧院……极具包容性的中国建筑市场成了西方建筑师追求自由与个性的乐园。面对铺天盖地的理论资料和纷繁多变的建筑风格，中国建筑师一方面渴望着在中国探索出一条独特的现代主义道路，另一方面却又陷入了杂乱无章的形式主义而不能自拔。一些建筑师盲目地追赶潮流，照搬国外建筑的形式语言，而将实现建筑理性发展最基本要素“工艺技术”抛到脑后。

中国建筑“重形式轻工艺”的现状引发了学界对于建筑发展内在规律的反思。于是出现了开篇提到的问题：在中国近现代建筑发展过程中是否存在对于建筑工艺表现的审美判断？学界用怎样的概念来描述对于工艺表现的审美判断？中国建筑20世纪80年代讲“文脉”，90年代讲“文化”，进入新千年讲“绿色”，再过一些年讲什么？

本书主题是笔者博士期间的研究课题——论工艺技术对建筑品质的作用。笔者通过对建筑品质基本理论的研究，明确了建筑品质是工艺经验与判断经验相互作用的产物；建筑师判断建筑品质的基本原则是在特定的媒介条件下，工艺经验的圆满完成及其与判断经验的耦合；其中，建筑活动过程中的精度控制与细部设计是工艺经验的圆满完成的核心问题。笔者结合历史背景、文化环境等因素从材料、工具、动力、工法等几个方面对典型的高品质建筑进行分析，用具体案例进一步说明了如何实现工艺经验的圆满完成，如何使其与观者的审美判断产生耦合，形象地阐述了高品质建筑设计与审美判断的方法。与此同时，笔者将理论上的建筑品质问题与中国建筑现状相结合，通过历史研究与现状调查等方法提出了粗放型发展过后中国建筑实践必将转向以高品质为目标的发展趋势。

近十年中国建筑理论著作大量出版，其中不乏对于审美或工艺技术的讨论。与以往相关著作相比，本书既不是从形而上的角度论述美学概念，也不是从形而下的角度对工艺技术进行罗列，而是将两者结合起来，阐述了实现高品质建筑的途径。

笔者将本书的读者群体定位于建筑学专业高年级的学生和广大青年建筑师。笔者希望通过系统化地阐释工艺技术在塑造高品质建筑过程中的必要性，唤起实践建筑师对于工艺技术的关注，创造更多的高品质建筑。

# 目录 CONTENTS

# 第 1 章　什么是建筑品质

## 1.1　当代中国建筑现象

“近年来在国际设计领域广为流传两种倾向，即崇尚杂乱无章的非形式主义和推崇权力至上的形式主义……非形式主义反对所有的形式规则，形式主义则把规则的应用视为理所当然。尽管二者的对立如此鲜明，但在本质上它们却是同出一源，认为任何建筑问题都是孤立存在的，并且仅仅局限于形式范畴。”[1]5

这种仅限于形式范畴的建筑学观点在当今中国的建筑实践中引发了诸多不符合事物发展规律和建筑基本属性的建筑现象。

### 1.1.1　广州歌剧院现象

广州歌剧院建成于 2009 年末，位于广州市珠江新城中心区南部，是广州

**图 1–1　广州歌剧院实景**（图片来源：北京市建筑设计研究院有限公司杨洲提供）

市政府近年来着力打造的地标性建筑。建筑方案通过国际竞赛方式进行选拔，从九家国际知名设计单位①的方案中最终选定了哈迪德的“双砾”方案。该方案的设计灵感来源于地表景观中的“褶皱”，建筑形体不规则，各个元素和形体结构之间平滑过渡,内外联通。建筑形体是由计算机辅助设计的复杂异形体，是我国近年来建成的参数化建筑设计案例之一。单纯从形式方面讲，“双砾”方案能够在这样重大的国际竞赛中胜出，足以证明它的形体特征具有较高的社会认可度，反映了这个时代主流的审美需求。

然而，建成后的广州歌剧院给大家留下了不少的遗憾，顶棚开裂漏水、玻璃脱落、建筑外墙面砖拼贴粗糙……2011 年 7 月 8 日英国《每日电讯报》（The Telegraph）刊登了一篇名为“Guangzhou Opera House Falling Apart（陨落中的广州歌剧院）”的文章，文中不仅指出了这座耗时 5 年建设的、刚刚投入使用 1 年的歌剧院出现的种种质量问题，同时也尖锐地指出了“超高速”的建筑设计和建设进程使建筑师的工作重心仅仅停留在形式的把玩，无暇顾及工艺技术的可行性与建成效果[7]。援引建设方工作人员的话，“广州歌剧院的建筑质量问题不是因为建筑（形式）设计，而是设计方根本就没有考虑如何建造如此复杂的形体”②[7]。

广州歌剧院建成后受到的批评与质疑客观地反映了当今中国建筑实践的意识水平、技术水平和经济水平。广州歌剧院引起了中国建筑师关于建造和工艺表现力的深刻反思。建筑的形式固然是艺术性表达的一个方面，然而，在没有恰当的建筑材料、准确的构造工艺、精致细腻的工法的保证下，形式的美又如何实现？中国建筑表现力不足的根源是形式本身还是实现形式的过程？

### 1.1.2　央视新楼现象

中央电视台新办公楼，于 2003 年 10 月开工建设，2008 年正式运行，是近年来中国建筑界饱受争议的一座建筑。

央视新楼建成之初，批评者们毫不吝惜谩骂之词，称其为“扭着腿的大板凳”、“歪门邪道”、“大裤衩”、“生殖崇拜的隐喻”等等。支持者们，特别是建

① 九家设计单位为：北京市建筑设计研究院、奥地利库博事务所、澳大利亚考克斯事务所、荷兰大都会事务所、日本高松伸建筑设计事务所、华南理工大学建筑设计研究院、美国汉斯勃朗克事务所、德国GMP建筑设计事务所、英国扎哈·哈迪德事务所。

② 原文如下：The problems with the quality of the building are not because of the design of the building, but because we did not take the complexity of the design into consideration before we started work.

图 1-2 CCTV 新楼实景照片

造工程师，却坚信央视新楼对于中国建筑技术体系的进步具有革命性意义。在相关工程类学术文章的检索过程中，笔者发现有 80% 的文章对于央视新楼的工艺技术持正面观点，认为 120m 高处 50m 悬臂的合拢是中国建筑工程的一大奇迹，两个倾斜 84° 的塔楼是近年来中国建筑在结构上的突破，建筑钢结构构件工艺精致、控制形变成果显著等等。更有文章将其与法国的埃菲尔铁塔进行比较，认为央视新楼会像埃菲尔铁塔一样，成为中国建筑发展历史中重要的转折点。

随着央视新楼的建成，它所表现出的严密的结构逻辑、精致的幕墙体系、精准的施工工艺、细腻的节点处理逐渐地改变了一些批评者的观点。学者专家再次谈论该建筑的时候，通常会清晰地指出：“对于央视新楼的质疑核心问题不在于建筑本体，而是在于严重超预算所带来的社会影响，以及纳税人对于相关单位的不合逻辑的建造费用说明的不满”①。

① 该观点来自于清华大学建筑学院秦佑国教授，他曾在多次相关学术会议及论坛上阐述了此观点，并得到了广泛认可。

央视新楼经过时间的沉淀,其在工艺技术体系方面的创造性逐渐凸现出来。是什么原因促成了从“批评”到“客观评价”的转变?

## 1.2 中国建筑呼唤高品质

广州歌剧院和央视新楼是近年来中国建筑界备受争议的两栋建筑。在方案设计阶段，前者通过国际竞赛选拔，建筑形式获得了相对普遍的认可;后者的建筑形式争议不断。然而建成后，前者因为顶棚开裂漏水、玻璃脱落、建筑外墙面砖拼贴粗糙等问题备受质疑，而公众对后者形式上的诟病却随着时间的推移而淡去，取而代之的是对后者工艺精致的认可。由此可见，单纯从形式角度来研究中国建筑的发展缺乏实际价值的考量。在没有恰当的建筑材料、准确的构造工艺、精致细腻的工法的保证下，形式的美无法实现。中国建筑表现力不足的根源并不是形式，而是对实现形式的过程缺乏控制力。只有将建筑形式落实到工艺技术中，建筑的美才能够具备根深蒂固的生命力，才能够不随时代潮流的更迭而褪色。

那么，在中国近现代建筑发展过程中是否存在对于建筑工艺表现的审美判断?学界用怎样的概念来描述对于工艺表现的审美判断?

### 1.2.1 是否存在对建筑工艺表现的审美判断?

按照实践论美学的观点，“人通过制造和使用工具的劳动实践，把主体的意识（如目的、愿望、聪明、才智等）灌注到客体的对象中去，从而使对象成为主体意识的自我实现。就在自我实现的同时，人欣赏到了自我的创造，感受到了自我不同于动物并超越动物的本质力量。这时，他所得到的不仅是物质实用上的满足,同时也是心理上和精神上的满足。于是,美感就诞生了。”[8]22-26,[9]87 对于建筑而言，材料、工具、工艺、细部是人类将自然质料人化过程①中的主要因素。这些因素是经过时间过滤存留下来的、构成了审美判断的内在逻辑。凡高品质建筑一定是精湛的工艺技术的产物，因而工艺技术是塑造建筑品质的必要条件。

---

① 马克思在《1844年经济学哲学手稿》中指出：“通过漫长历史的社会实践，自然人化了，人的目的对象化了。……自然为人类所控制改造、征服和利用，成为顺从人的自然。自然与人、真与善、感性与理性、规律与目的、必然与自由，在这里才具有真正的矛盾统一。真与善、合规律性与合目的性在这里才有了真正的渗透、交融与一致。理性才能积淀在感性中、内容才能积淀在形式中，自然的形式才能成为自由的形式，这也就是美”。

19世纪中后期，在工业革命的促动下，西方建筑理论界出现了两种审美判断的思潮：其一是“破除意识形态强制下的形式审美原则”；其二是“基于技术发展而提出的理性主义审美原则”。两者是一对相互关联的美学思潮，前者“破”了传统形式的禁锢，后者针对时代背景“立”了与时代发展和技术发展相适应的新原则。这一阶段的建筑界关于“美”的探讨基本上围绕着材料、结构、构造等工艺问题展开。在英国，拉斯金（John Ruskin）和莫里斯（William Morris）倡导的工艺美术运动以“工艺技术是塑造建筑之美的基本途径”为主导思想；在法国，以舒瓦西（Chaussees Auguster Choisy）、佩雷（Auguste Perret）为先锋的现代主义建筑师提出了“建筑的形式创作源于材料与结构”；在德国，卡尔·博迪舍（Karl Boetticher）和戈特弗雷德·森佩尔（Gottfried Semper）提出了“由客观条件所构成的必然性的建筑雏形作为概念的最简单表达，其调整受限于那些在形式发展中应用的材料，也受限于让它成为时尚的工具”[23]78的建构理论。20世纪中叶，以工艺技术的完美展现作为建筑审美判断依据的思潮进一步发展。肯尼斯·弗兰姆普敦（Kenneth Frampton）在《建构文化研究》一书中全面、深入地阐述了材料、结构、构造在建筑表现中的重要作用，并对工艺产生的原动力、工艺所反映的文化特征进行了详细阐述[26]469-472。时至今日，以德梅隆与赫尔佐格（Herzog & de Meuron）、彼得·卒姆托（Peter Zumthor）为代表的建筑师仍然坚持着挖掘工艺技术的表现力，并尝试着运用工艺表达来诠释时代更迭中的文化现象。

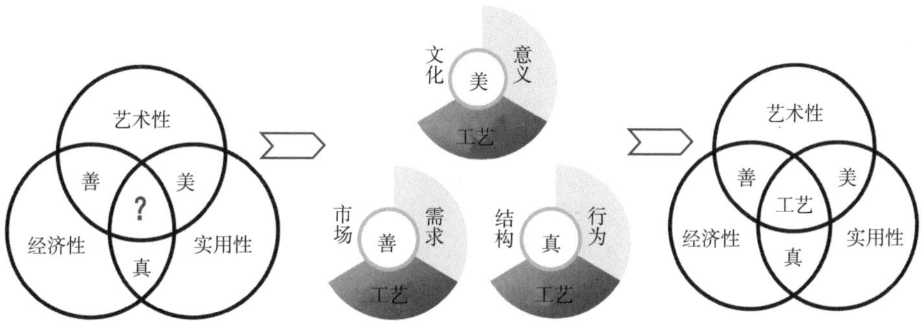


图 1-3 工艺表现在当代中国建筑实践中的作用

当今中国建筑实践中，对于建筑美感①（泛指广义的审美）的评判主要从三个方面展开：实用性、经济性、艺术性。这三种建筑评判分别对建筑的功能、造价、形式问题进行讨论，其判断的结果大致归结为真、善、美三个方面，而

① 笔者为了将论文讨论的审美判断与广义的“美”进行区分，在此处使用“美感”一词替代广义审美。

三者又泛泛地被统一划归为广义的建筑审美范畴。但是，从根本上讲，实用性、经济性、艺术性都不是建筑作为物质活动的第一属性，它们必须通过工艺来实现。也就是说，建筑作为典型的物质活动，其美感的根源并不是形式，而是从自然物到建筑的实践过程。当然，产生美的过程并非单纯地受到工具、材料、工艺等技术因素的影响，同时也受到文化、政治、经济等非技术因素的影响。当代中国建筑理论所面临的最大问题就是对自然质料人化过程的轻视，即缺乏对于建筑审美判断之必要条件——工艺技术的系统性研究。这导致了中国建筑审美判断内在逻辑的缺失，进而造成了建筑创作的无序与盲从，使得以形式为衡量标准的传统建筑审美理论很难与当代建筑实践相结合。

### 1.2.2 用什么词来描述对于工艺表现的审美判断？

中国建筑 20 世纪 80 年代讲“文脉”，90 年代讲“文化”，进入新千年讲“绿色”，再过一些年讲什么？讲品质，即基于建筑工艺技术的审美判断。

借鉴西欧、北美等国家的现代主义建筑发展经验与相关理论，建筑审美判断对于工艺表现的需求在学理上是成立的，且建筑形式的变化是建筑工艺相关因素发展到一定阶段的必然结果。那么，我们需要定义一个用来描述工艺表现力的概念。

在中国传统文化中，对于工艺技术的审美判断存在两种倾向：其一是先秦哲学推崇的“错彩镂金，雕缋满眼”之美；其二是魏晋六朝之后所形成的“初发芙蓉，自然可爱”之美[102]78。这两种审美情怀在清代得到了空前的统一与融合。学者刘熙在著作《艺概》中提出，两种审美情调相济有功。这种工艺之美与意境之美的和谐统一被王国维先生进一步发展，并逐渐成为中国近现代工艺美术思想的基础。宗白华先生在《美学史论集》中曾经写道，“中国美学与西方美学的共通之处在于通过工艺传达情感，所不同的是中国的工艺偏清雅、秀美，而西方的工艺偏沉稳、厚重”[102]8。这种审美思想一直延续到今天，从大众文化角度对建筑的工艺表达提出了普遍性需求。

在近现代建筑理论中对于建筑的评判围绕着“坚固、实用、美观”三原则展开，其中“坚固”、“实用”是针对建筑的结构和功能提出的基础性判断，“美观”是对建筑形式、风格所作出的审美判断。在理论体系中还没有一个准确的概念来表达“以工艺技术为基础的审美判断”。因此，这里提到了“建筑品质”。

| | 实用 / 坚固 | 美观 | 品质 |
|---|---|---|---|
| 评判主体 | 使用者 | 建筑师、专家 | 建筑活动参与者 |
| 评判客体 | 结构问题、功能问题 | 形式问题、风格问题 | 工艺技术 |
| 评判问题 | 功能问题 | 形式问题 | 审美问题 |

图 1–4　当代中国建筑实践中关于美的评判

## 1.3　什么是建筑品质

### 1.3.1　何谓“建筑品质”？

品，《说文解字》中有记载：“品，众庶也，从三口”[30]527，可作“品性”、“品格”之用，多用来指艺术品的评判、鉴赏。晚唐诗人司空图著有探讨诗歌之美的《二十四诗品》①，南朝谢赫著有评论绘画艺术的《画品》②，南朝梁代庾肩吾著有鉴赏书法作品的《书品》③。康德在《判断力之批判》中使用德文“Geschmack”来表达“品”的含义，后被译为英文“Taste”，作鉴赏之意。康德所提及的鉴赏判断，通常也被称为审美判断。康德认为这种审美判断是不带有任何利害关系的，作为普遍愉悦的客体被设想的，它的基本依据是事物的合目的性形式④。因而，作为评判、鉴赏行为的“品”的客体不是美学原则的执行和有目的的表现，更不是功利化的符号，它评鉴的是事物给人带来的直观的审美感受⑤[31]146。“品”是对审美感受的判断经验。

质，《说文解字》中记载：“质，以物相赘，从贝从所”[30]851，可作“实质”、“性质”、“本质”讲。在哲学当中，“质”表示某一对象或事物本身所必然的、

① 晚唐诗人司空图的《二十四诗品》是探讨诗歌创作，特别是诗歌美学风格问题的理论著作。它不仅形象地概括和描绘出各种诗歌风格的特点，而且从创作的角度深入探讨了各种艺术风格的形成，对诗歌创作、评论与欣赏等方面有相当大的贡献。

② 中国南朝梁代文人谢赫所著的《画品》是中国现存最完整的一部早期绘画理论著作。《宋史•艺文志》中称此书为《古今画品》，明刊本则标名为《古画品录》。该书系品评画家艺术高下之著作，又提出绘画的社会功能为“明劝诫，著升沉，千古寂寥，披图可鉴”。

③ 《书品》，书法品评著作。南朝梁代庾肩吾著。一卷。论汉至齐梁能真草书者一百二十八人(中有唐代魏徵，盖为后人加入者)分上、中、下三等九品，各附短论，品评各家艺术成就。

④ 合目的性：一对象之概念，当其同时含有此对象的现实性之根据时，它即被名曰对象之“目的”。而“一物之与那‘只依照目的而可能’的事物之构造或本性相契合”之契合便名曰此一物的形式之“合目的性”。

⑤ 这里的经验不是理性主义者认为的不稳定、无规律的幻想，而是同时进行的行为和经历的统一体。杜威在《民主主义与教育》一书的第146页明确指出：“从主动的一面说，经验是一种努力，其意义在与之相关的实验这一术语中得到澄清；从被动的一面说，它是一种经历。当我们经验到某物时，我们是在作用于它，我们是在利用它，随后我们要忍受或经历其结果。我们利用了某物，而后者反过来也利用了我们……”

固有的属性。关于“质”的定义最早可以追溯到亚里士多德的“四因说”，即本因、物因、动因、极因①。其中“本因”与“极因”被归纳为形式（Form），“物因”与“动因”被归纳为质料（Quality），也就是说质料所阐释的是“什么是”与“如何是”的问题，是关于物质根源的问题。康德在《判断力之批判》中论及质料时，使用了德文“Qualität”（作“质/性质”讲），英文译为“Quality”。康德对于质料的阐述突破了自然物质的限制，认为“一切质料都是后天被给予的”[11]95-122，这种解释将“质”的含义从单纯的物质基础拓展为有人参与的以物质为基础的实践经验。因而，作为客观存在的物质基础的“质”所指代的客体不仅仅是客观存在的物质，而且还包含了人类的劳作。“质”的过程是有人参与的物质实践经验。

由此可见，“品”与“质”不可分割地统一在“经验”之上，而“经验即艺术（Art）”[20]1，艺术的本源又是生成性行为，因而“品质”的本质含义最终被归结为以物质实践为基础的审美判断。

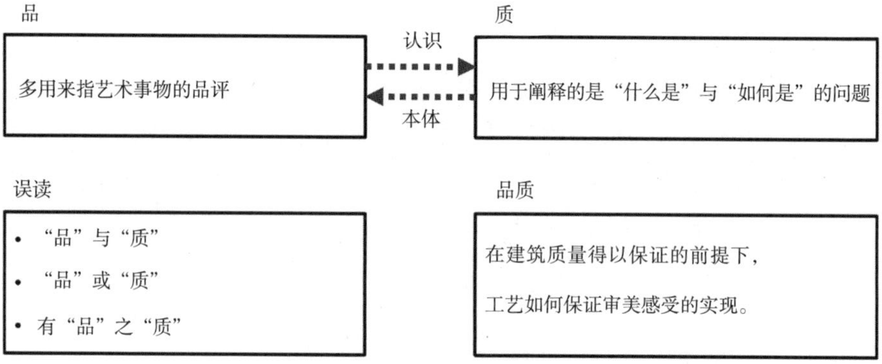


图 1-5　品质的误读与新解

17世纪之前，“品”与“质”是一个整体概念，“艺术”本身也是一种“技术”（Skill）。“聪明的技工投入到他的工作中，尽力将他的手工作品做好，并从中感到乐趣，对于他的材料和工具具有真正的感情，这就是一种艺术的投入”[20]4。到了文艺复兴晚期，艺术品才开始作为少数有教养者的特权物件“被驱逐”到博物馆[20]157，大众只能去寻找便宜的物品来满足他们的审美需求，而便宜的代价便是偷工减料、粗制滥造。由此，艺术成为了一种混杂着敬畏与灵韵的精

① 本因：本质或者其所以是的是，解释“为何是”；物因：质料和载体，解释“什么是”；动因：运动由以起始之点，解释“怎样是”；极因：何所为或善，因为善是生成和全部这类运动的目的，解释“所期望的结果”。

神产物，与之相对应的“工艺”则成为了粗俗的、平庸的、没有创造性的劳动，于是产生了“品”与“质”的分离。随着现代工业大发展，“品”与“质”之间的沟壑越来越难以逾越。“品”成为了受过良好教育、拥有较高社会地位者特有的高尚趣味，这种趣味的欣赏者沉湎于器物所带来的形式美，并不关心器物之所以为器的过程。“质”的过程则成为了机械的、无思考的、重复性的简单劳动，它不再是艺术的投入而仅仅是冰冷麻木的生产行为。在这种情况下，艺术家既不甘心附会少数集团的小情趣，使艺术沦为玩物，也不可能服务于大规模生产。他们最终选择了走向孤独的“自我表达”，于是出现了纯粹的意识形态审美判断，这造成了通常意义上精神性的艺术与实用性的技术分道扬镳。这种分离导致了艺术的虚无主义与形式主义趋向，甚至由于缺乏经验性要素的约束走向了无形式主义的极端。因而“恢复作为艺术品的经验的精致与强烈的形式、与普遍承认的构成经验的日常事务、活动以及苦难之间的连续性”[20]13已经成为近现代审美理论研究的当务之急。

在当代艺术类著作及艺术活动中，对作品中“强烈的形式与共识性的精神”[31]115的研究与探讨不胜枚举，而“精致的实践经验”[31]115却往往由于其形而下的特征被隐匿在“优美”与“灵韵”背后。于是，笔者产生了如下思考：没有精湛细腻的实践经验如何塑造高品质的艺术作品？没有彩色玻璃加工工艺和工匠们巧夺天工的玻璃掐丝技法，如何能够创造出神秘的玫瑰窗，在拜占庭镀金的墙壁上再现出耶和华重生的熊熊烈火①？没有银粉粒研磨技术和维美尔精准的点珠法，如何将人物的全部动作、精神与灵魂深深地刻画在闪烁的眸子里②？没有严格的淘洗沙泥工序、精准的制胎上釉工法和不厌其烦、细致入微的烧窑流程，如何点石成金、化泥为宝，烧制出高雅的瓷器。由此可见，“质”是创造艺术作品审美价值的必要条件，没有“质”的保证，“品”的优美与崇高便无从谈起。于是，通常将“品质”看作是“品”与“质”的并列，在没有“质”的保证下单纯谈论“品”的观点是有失偏颇的。

这里谈到的“品质”乃是“品”与“质”密切联系、互为依托的经验性审美概念，“质”是“品”的基础，而“品”是“质”的目标。但凡论及“品质”

① 《出埃及记》中记载：耶和华于火中降临西乃山。这熊熊烈火，就照映在拜占庭教堂镀金着彩的墙壁上，这火成为天上耶路撒冷的装饰。建筑工匠们通过哥特教堂的玫瑰窗过滤阳光，洒在墙壁上，再现了这一场景。

② 维美尔是17世纪荷兰黄金时代著名画家。他的绘画形体结实、结构精致，色彩明朗和谐，尤善于表现室内光线和空间感。他的画在造型、透视、光影、神态等方面的刻画都精准得跟照片一样，有评论家认为这不是艺术，而只是一种手工艺。他的画作通常要花很长时间，基本上都需要两三年的时间才能完成一幅作品，但每一幅都堪称精品。这里谈到的是他的画作《小巷》（现藏于卢浮宫）中做花边的女子。

便暗含了两层意思：首先是作为产生美感的工艺经验；其次是对工艺经验所表现出来的审美价值的判断。“品质”一词的含义被重新诠释为“以物质实践为基础的审美判断”。

“建筑品质”是建筑活动必需的物质条件（包括材料、工具、动力等等）与建筑师（或工匠）在参与到物质活动过程中时所投入的精力、情感相结合的经验性成果，是一种建立在物质实践基础之上的审美判断。

建筑品质中“质”是具有规律性的工艺经验，是建筑艺术性表达的基础，是创造建筑之美的必要条件。

建筑品质中“品”是具有主观情感特征的判断经验，是建筑工艺经验的目标，是建筑艺术性表达的动力。

建筑品质是将建筑作为一种具有工程学属性的物质活动，对建筑活动中所涉及的所有工艺技术表现进行的审美判断。这里讨论的“质”不是房子漏水与否的功能性问题，而是在解决了防水问题的前提下，讨论防水工艺的精湛与巧妙。20 世纪初，建筑大师密斯·凡德罗曾经说过“Architecture begins where two bricks are carefully jointed together”[25]93（建筑开始于两块砖仔细地拼接）。论文所要论述的品质就是研究如何将两块砖“carefully（精心地）”地拼接在一起。

### 1.3.2 建筑品质的研究对象

前文从概念上分析了品质、审美、工艺三者的研究对象及其相互关联。下面笔者将以芬兰歌剧院和悉尼歌剧院为例，如图 1-6 所示对审美对象、工艺对象和品质研究对象进行详细阐述，意在进一步明确建筑品质的研究范畴。

（1）审美对象

芬兰歌剧院和悉尼歌剧院两栋建筑与周边环境形成的协调统一的意境、建筑本身的优美形象、人在建筑中所感受到的震撼与欣喜，都是它们带给人的愉悦感受，因而这些感受统一于审美的范畴。其中，这两栋建筑的“蝴蝶式”与“风帆式”是最容易被捕捉到的形式特征，是具有构型规律的审美对象。

（2）工艺对象

为了实现“美”的形式，建筑师在具体的建造实践过程中采用了独特的工艺方法。芬兰歌剧院的表皮采用了金属材料，材料处理成表面成微弧形的板材，错位排列，形成编织的效果。而悉尼歌剧院的表面石材贴面，经过建筑师的计算，形成具有严谨的几何逻辑性与秩序感的肌理。这些具体与物质相关的实践方法属于工艺对象。

（3）品质的研究对象

芬兰歌剧院和悉尼歌剧院的建筑师都是从自己已有的经验出发，对经验材料进行创造性的工艺处理，使之具有了独一无二的形式。形式的实践过程即艺术创造，创造成果是具有艺术性的材料呈现，而这一以物质实践为基础的具有艺术性的审美判断则是品质。这两座建筑是具有高品质的建筑经典之作。

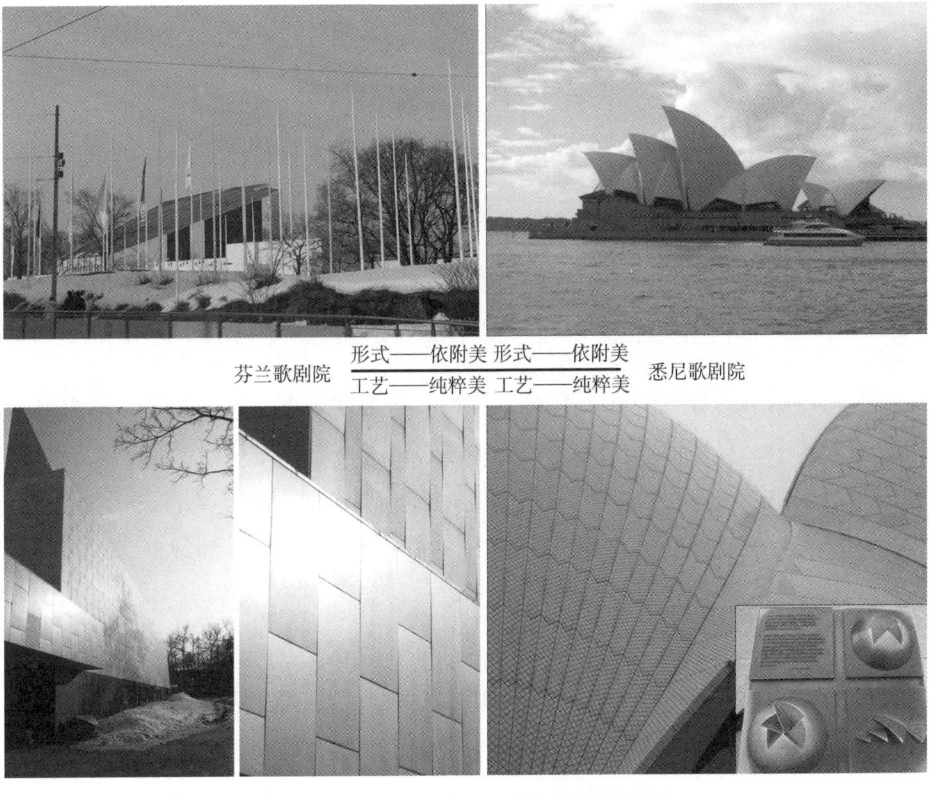


图 1-6　芬兰歌剧院和悉尼歌剧院实景照片

由此可见，“美”、“工艺”、“品质”三者并不是相互矛盾的。“品质”是工艺研究范畴与审美研究范畴的交集，高品质的建筑既应当具备美的形式也必须有精湛的工艺。

# 第 2 章　建筑品质的生成

## 2.1　作为开端的需求

按照杜威的自然经验主义哲学观点，艺术即经验，而每个经验的开端是需求。因而，人对于美的需求便成为了建筑工艺经验的原动力，也是塑造高品质建筑的开端。

人在认识事物过程中存在着对于美感的共通性需求，即真实性、优美感和崇高感。其中，真实性和优美感是经验性的审美需求，是通过实证主义的归纳和演绎法得出的能够使人产生愉悦感觉的经验，是进行审美判断的首要条件。崇高感是一种先验性的审美需求，是人心理上对于超越极限的敬畏。

（1）真实性的需求

真实性的需求是产生审美感受的基本要求 [33]45。真实性是指事物所应该呈现出来的状态或者存在方式。建筑的真实性并不是一种绝对的真实，而是综合社会、文化、经济、技术的真实，相对于人类认知能力的真实性。建筑师对真实性的追求主要表现在其作品对于材料认知的真实反映、材料组织过程中的工艺逻辑和技法以及对环境氛围和功能需求的直接响应 [34]191-198。值得强调的是，对于真实性的判断不仅与客观事物本身属性相关，同时也与建筑使用功能和社会功能的真实反映相关。例如舞蹈教室中整面墙的玻璃镜子，其呈现出来的状态既是玻璃材料本身特有的属性，又符合功能需求、技术逻辑，它是一种真实性的物质呈现。而法国国王路易十四花费巨资在凡尔赛宫修建镜厅，大面积的玻璃材料应用于居住空间不符合房屋的使用功能与形式表达逻辑，当时的技术条件也无力支持大量玻璃材料的使用。“镜厅”只不过是路易十四的个人需求，因而是一种不真实的幻象。

（2）优美感的需求

优美感的需求是人类最基本的心理需求之一[33]46。建筑的优美感是实证主义美学原则指导下形成的能够引起美的感受的形式规律。建筑的优美感是传统意义上建筑美学研究的核心内容。古典时期，维特鲁威将建筑的优美感定义为秩序（Ordinatio）、布置（Dispositio）、整齐（Eurythmia）、均匀（Symmetria）、得体（Décor）、经营（Distributio）等六个基本范畴[35]。文艺复兴时期，建筑师以人体为美的衡量标尺，总结出一系列的模式语言。17 世纪，意大利建筑理论家瓜里诺・瓜里尼（Guarino Guarini）打破了建筑比例的樊笼，用断裂的山花、扭曲的线脚、变形的纹样来表达优美。19 世纪末，以佩雷为代表的现代主义建筑师将大工业带来的形式特征纳入优美的范畴。第二次世界大战之后，建筑的优美感又从提倡工业生产带来的标准化转变为追求手工劳作之美。尽管这些优美的需求是主观的、多变的，但是在一定程度上体现了社会背景对工艺技术提出的形式美的需求，是在众多工艺表现形式中判定哪一种表现形式具有较高品质的依据，它影响着建筑师对工艺的选择，进而间接地影响着建筑品质的塑造。

（3）崇高感的需求

崇高感的需求是人类自我实现的最高追求[33]48。崇高感往往来自于数量和力量上的不可超越[36]135，建筑的崇高感亦然。这里的数量与力量一方面是对于建筑物本身的衡量。如罗马万神庙 42m 跨度的巨大穹顶，在 11 世纪之前没有一个建筑能够超越，它也因而成为建筑史上的经典之作。另一方面，数量与力量的不可超越也表现在建筑活动中不可超越的人的劳动。如 22 万工匠用时 20 年精雕细琢的泰姬陵呈现出令人惊叹的华美细腻的工艺，该建筑也因此而受到后人的广泛赞誉。

上述三种审美需求是建造方和建筑评判方的共同需求，具有普遍性的意义，是塑造高品质建筑的原动力。

## 2.2 作为过程的经验

经验是塑造建筑的品质的主要途径，经验包括两种：一种是基于物质实践的工艺经验，另一种是基于审美感受的判断经验。

### 2.2.1 工艺经验

工艺经验是客观的物质实践经验，它的使动者是参与建筑活动的建筑师和建筑工匠，受动者是材料。工艺经验的主要内容包括材料的选择与加工、组织材料工艺技法以及与上述过程相关的工具与动力等等。其中，材料的基本属性（如颜色、质感、硬度、强度、耐久性等）是决定工艺经验成果特征的主要因素之一，例如地中海附近的大理石呈白色，赋予了建筑神圣与淡雅；而罗马帝国北部的大理石呈棕褐色，赋予建筑以威严与肃穆。材料的加工与组织方法及其相关的工具和动力是工艺经验成果特征的另一个主要决定因素，以石材为例，花岗石质地坚硬不易开采与雕刻，多用作铺地工艺。而大理石质地松软易于塑造成各种样式，于是造就了古希腊、古罗马时代建筑雕塑的辉煌。

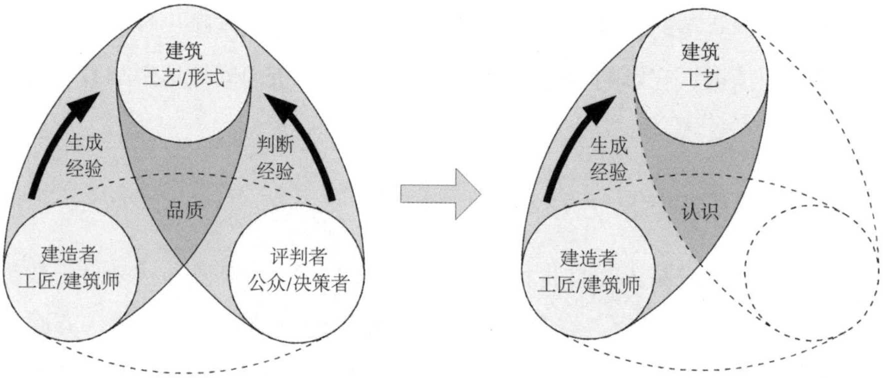


图 2-1 生成经验与建筑品质关系示意图

### 2.2.2 判断经验

判断经验是对已有事物的认知感受，它的使动者是观看建筑的人，受动者是建筑物。

观者对于建筑进行审美判断的过程是一个复杂的知觉过程。知觉过程的开端是被动的认识①。"在认识中，我们求助于某些先前形成的图式，就像依赖一种模型一样。某些细节或细节的安排成了单纯的认出某物的线索。"[20]56 例如，古典柱式中的线脚、山花、比例等等，这些程式化了的细节图案建立起了一套易于被大众接受与理解的审美模板。然而，认知仅仅是知觉的初级阶段，是被动的，但审美是主动的接受。因而，高品质的建筑必须在认识的基础上进一步激发观者的能动性，形成主动性的认知，即感知②。感知的过程要求观者在认识建筑的同时自发性地进行再创造，进而形成判断经验。而且这种经验与建筑师的工艺经验意图相符合，由此建立起建造方与评判方情感上的共通性。这种再创造的过程将最初的细节印象集合成为一个拥有圆满工艺经验特征的整体意境，进而完成了审美判断的过程。

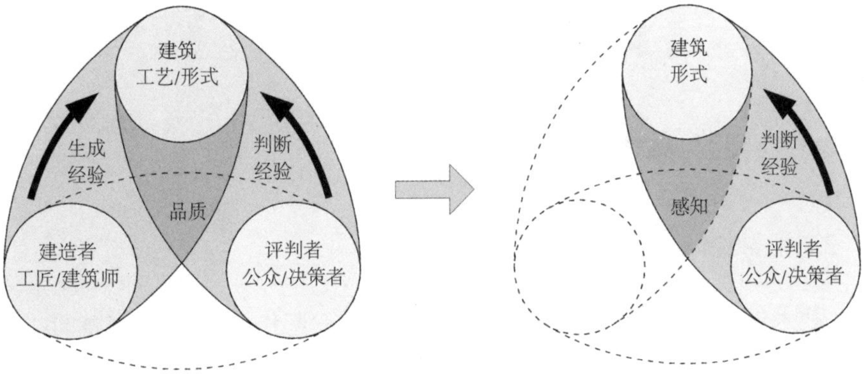


图 2-2　判断经验与建筑品质关系示意图

建筑品质的高低不仅与建造方的工艺经验直接相关，同时也与评判方的认知水平有着密不可分的联系。高品质的建筑开始于建造方与评判方对于审美的共通性需求。建造方根据这种需求展开工艺活动，努力使工艺活动中各个要素的能动性得到充分发挥。评判方则依据判断经验对于工艺成果进行审美判断。当圆满的工艺经验及其工艺表现特征与判断经验耦合时，便形成了对于建筑的高品质评判。在生成高品质建筑的过程中，工艺经验的主要作用是对审美需求做出物质响应，而判断经验的主要作用是激励工艺经验的圆满完成以及对工艺经验的成果做出反馈。

---

① 杜威在《经验即艺术》一书中将认识定义为拥有自由发展机会之前的受抑制的知觉。
② 感知是评判者在认识的同时自己也在进行创造，并且他所创造的这种经验包括原始的创造者所经受的相类似的经验。

工艺经验与判断经验相互作用产生了以物质为基础的审美判断。对于相互作用的工艺经验和判断经验，要研究其相互作用的结果必须做到两点：第一，研究清楚经验本身的概念、作用对象与特征；第二，研究清楚两种经验之间的联系和相互作用方式[37]151。

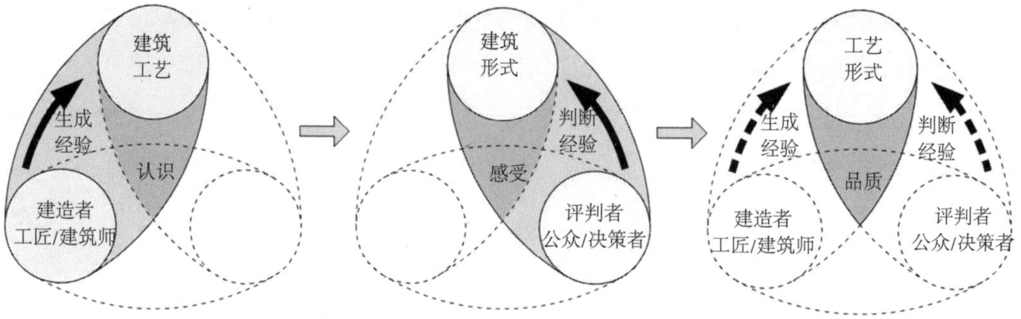


图 2-3　建筑品质生成关系示意图

## 2.3　经验与感知对象

### 2.3.1　判断经验与感知对象

"艺术作品只有在它对创作者以外的人的经验起作用时，才是完整的。"[20]106 同样，建筑品质只有以其圆满的工艺经验进入到观者的经验中，同时强化或完善了观者的经验，才具有现实的审美价值。因而，观者的判断经验及其感知对象成为建筑师最关注的问题。

判断经验是观者的生活经历、认知水平和教育背景等条件和长期的建筑鉴赏活动共同作用形成的对建筑表现的第一性认知。认知对象是建筑工艺成果，其直接表现就是形式①，"形式与实质的联系是内在固有的，而不是从外部强化的"[20]151。

依据观者认知事物的生理过程，建筑品质的判断经验和感知对象可以分为两种：实用性经验及其感知对象和艺术性经验及其感知对象。

① 杜威在《艺术即经验》一书中将形式定义为负载着对事件、对象、景色与处境的经验的力量的运作达到其自身的完满实现，参见书中P151。

### 2.3.2　实用性经验及感知对象

建筑的功能性特征决定了观者对于建筑品质的判断存在着一个先于艺术性判断的前提，即以生活经验和使用习惯为基础的实用性经验判断。建筑实用性经验判断与建筑的使用功能密切相关，如居住的功能、隔声保温的功能、交通疏散的功能、空间分隔的功能等等。尽管这些功能并不能作为审美判断的充分条件，但是作为一个必要性前提却是不可忽视的。如果一栋建筑不能引起判断者在实用性经验上的共鸣，就根本无法讨论其品质问题。

举一个极端的例子，“2009 年 6 月 27 日，上海的一栋竣工未交付使用的高楼整体倒覆”[40]。对于一栋承载着居住活动的建筑而言，它的倒塌完全摧毁了大众对其实用性经验的判断。无论它的设计曾经拥有怎样的形式，恐怕也无人会以“品质”来论之。由此可见，实用性经验判断是进行建筑品质判断的先决条件。

图 2-4　上海市“莲花河畔景苑”倒塌现场照片[40]

上海市闵行区人民检察院指控：2006年8月，上海梅都房地产开发有限公司（法定代表人张志琴，以下简称梅都公司）与上海众欣建筑有限公司（以下简称众欣公司）签订《建设工程施工合同》，由众欣公司承建梅都公司开发的“莲花河畔景苑”房地产项目。同年9月，梅都公司与上海光启建设监理有限公司（法定代表人王金泉，以下简称光启公司）签订“莲花河畔景苑”《建设工程委托监理合同》，委托光启公司为工程监理单位。2006年10月，梅都公司取得上述房地产项目的《建筑工程施工许可证》并开始施工。

图 2-5　“莲花河畔景苑”项目已取得相关部门的许可[40]

“何谓建筑品质”一节已经明确指出，功能性的表现不是本书讨论的重点，因此实用性经验只作为一个前提存在，本书不展开讨论。

### 2.3.3　艺术性经验及感知对象

艺术性经验是建筑品质判断的核心。从认识论角度讲，艺术性经验判断分为两个层次：首先是被动地认识建筑，在这一过程中，感知的对象是建筑的形式，重点是细节的形式；其次是主动地欣赏建筑，在这一过程中，感知的对象是有情感的形式，重点是整体意境。

（1）被动认识及认识对象

对观者而言，认识是普遍性存在的、被动地接受外来刺激的过程。人，无论是专业人员还是普通观者，最直观的判断是通过眼、耳、皮肤等感知器官形成的感受。感知器官接受外界信息后转化为神经脉冲并传至大脑皮层感觉中枢形成感觉。经大脑皮层联合区对来自不同感官的各种信息进行综合加工，在人的大脑中产生对客观事物的各种属性、各个部分的印象，进而形成了认识[41]75。

认识的对象是外在的形式，这种形式既可能是具有创造性的工艺表现，也可能是粗糙的原始形态。观者在认识的过程中，能够辨析生成经验的特征，但是没有形成情感上的共鸣。例如面对一栋普通的东北农宅，平顶、泥墙、小窗这些元素都能够在观者的脑海里留下清晰的印象，但是这种印象仅仅是建筑元素形式本身在大脑中的映射。前文曾经提到，“在认识中，我们求助于某些先前形成的图式，就像依赖一种模型一样。某些细节或细节的安排构成了单纯的认出某物的线索。”[20]56 也就是说，在认识层面，局部的、细节的形式是众多感知对象中最容易被辨识的，观者会因为一个图案的熟悉而感到亲切，进而形成良好的心理感受。当建筑的工艺表现中对某一个细节进行重复表达，这个细节便能够在观者脑中留下印象，使得观者对具有该细节特征所有的工艺表现产生熟悉、亲切的感受。

认识是观者感知建筑品质的第一个层次。高品质的建筑首先需要做到的就是在认识层面被观者接受，使建筑的工艺表现能够在观者脑中留下清晰、易辨识的印象。

（2）主动感知及感知对象

主动感知是观者在观察建筑的同时自发地进行再创造的过程，并且观者所创造的与工艺表达的意图相类似。具有艺术性价值的建筑不仅仅是将工艺经验中的各个部分以可见的形式描绘出来，同时建筑师还需要根据大众审美对工艺经验特征进行选择与抽象，进而使建筑的工艺形式具备内在的逻辑。这种经过人类智性加工后的经验是长时间物质实践的积累，是被大众认可了的劳作过程，因而它能够引起观者在情感上的共鸣。

感知的对象没有特定的规律，所有能够刺激观者情感的形象都是感知的对象。观者在感知的过程中收获的是情感，并可能因为一种情感上的共鸣而忽略细节形式。如四川阿坝藏族羌族自治州的羌寨碉楼（图 2-6），纵横交错的高山深谷、斑驳粗犷的页岩片石在蓝天和烈日的映衬下形成了一幅轮廓清晰、韵律丰富、内容深邃的画面，这幅画面引起了观者在感情上的共鸣。在观者对于建筑的认知性再创造过程中，构造节点的粗糙、未经处理的材料、砌筑方式的不规则都不会影响到画面的圆满，细节的形式逐渐融合在整体意境中。

**图 2-6　羌寨碉楼实景照片**（图片来源：清华大学建筑学院秦佑国教授提供）

建筑给观者带来的情感上的共鸣是建筑品质的最高境界。尽管这种共鸣是主观的、个性化的，但却是建筑师不懈追求的目标。

## 2.4　作为媒介的人

建筑品质是工艺经验的圆满完成及其与判断经验的耦合。从生成论角度讲，一面是客观的物质实践，一面是主观的认知活动，两者耦合必然需要媒介条件。对于建筑而言，媒介条件是人和人对于材料的组织、加工方法，即工法。

### 2.4.1　人的作用

每一个经验都是由“主体”与“客体”、“自我”与“世界”相互作用构成的。对于建筑审美判断而言，其工艺经验的主体是建筑师或建筑工匠，客体是自然材料；其判断经验的主体是观者，客体是建筑。在建筑品质形成的过程中，“人”是实践性经验和认知性经验的共同主体。因而，工艺经验与判断经验产生耦合的媒介条件之一是人。

对于工艺经验而言，人作为工艺经验的主体，是实践行为的使动者，他们在已有知识体系基础上从事具有创造性的物质活动。对于判断经验而言，人作为感知主体是认知信息的接受者，他们根据建筑带给他们的视知觉感受来判断其品质的高低。在表面上看，两种经验中“人”的活动并不交叉，不具备作为媒介的条件。然而，如果深层分析人的知觉心理，会发现人的认知通道是有选择性的。在感官功能健全的条件下，人的认知通道受到突显性、努力、期望和价值等四种因素影响，在这四种因素的影响下所有人的认知感受是趋同的。对于群体而言，认知的选择性形成了不同类型人群的规律性判断特征。这一点早在古希腊时期，柏拉图就已经有所描述，他认为感性的贪欲官能在商人阶级中得到了展现，理性的官能在那些适合于制定法律的人身上得以展现[20]67。对于建筑活动而言，无论是评判方还是建造方，他们的关注点集中于建筑物对人的各种需求的满足程度。无论是建筑师还是观者，他们对于事物的认识并不会随着社会身份的不同而产生大相径庭的结果。这种心理认知层面的趋同性构成了“人”作为经验媒介的基础。

人在两种经验耦合的过程中所起到的具体作用一方面是根据人类长期劳动所形成的工艺经验原则进行工艺活动，另一方面是对于工艺活动成果进行审美判断。由于审美需求具有共通性，因而两种不同层面上的经验活动存在着产生耦合的基础。

分析人作为媒介条件的作用并不是希望通过调整人的情感来改变审美判断结果，而是期望通过分析不同群体的心理特征来缩小建筑品质判断者与创造者之间的“心理差距”，进而努力达到评判经验与工艺经验的共同圆满。

### 2.4.2 工法的作用

工艺经验的作用对象是材料，而判断经验的作用对象是建筑，若要两者产生耦合，必然需要一个能够促成从“材料”到“建筑”这一转变的媒介，这就是工法。

工法，英文为“Skill”，在古希腊语中，“工法”被作为艺术（Art）的起源，通常工法特指某一特定的工艺方法。19世纪中叶，艺术与工法被各自抽离出来，前者与形象相关，而后者与功能相关。在这种语境下工法又被称为实用性艺术（Useful Art）或技术（Technology）。本书中的“工法”一词特别强调它的个体性和实用性含义，特指完成某一工程所需要的工艺，以此区别于作为整体的工艺概念。

工法既不是完全等同于产生形式的经验，也不是完全独立于形式之外。它是劳动者根据物质属性和长期劳动经验总结出的具有规律性和逻辑性的操作法则。在总结工法的过程中，劳动者既要考虑到实际操作的可行性，同时也不能忽略社会文化与审美情趣等因素。因而，工法就具备了技术性与艺术性的双重

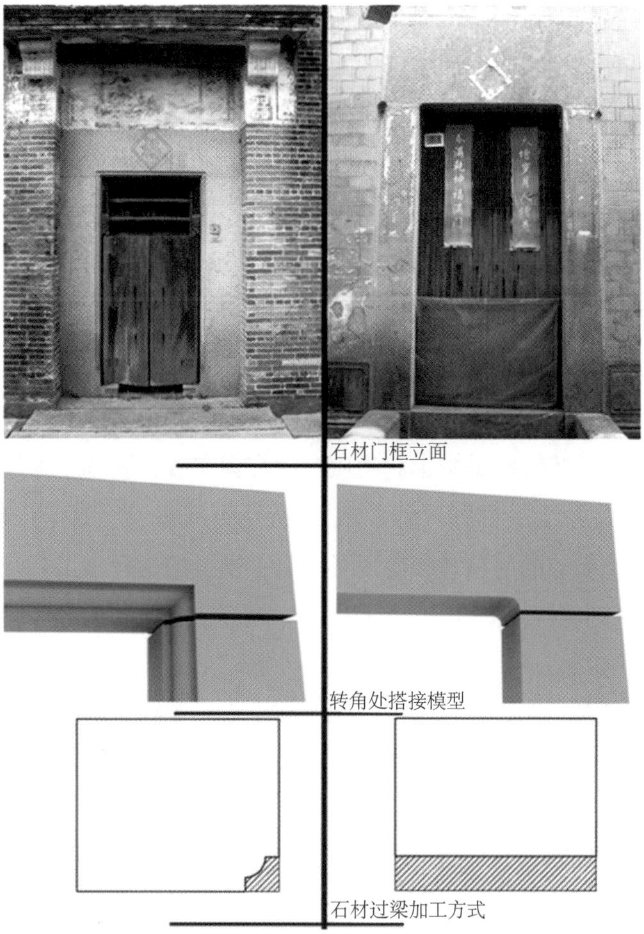


图 2-7 两个山西民居的大门门头比较 （图片来源：北京时空筑城建筑设计有限公司夏天提供）

特征，成为了建筑品质生成的媒介。

单纯的工法不构成艺术，然而没有工法作为媒介，简单的材料加工也不能成为建筑艺术。只有当合理的工法作用于适宜的材料时，才能够产生建筑的美。在同一技术水平下，同一种材料采用不同的工法，就会产生不同的工艺表现形式，进而也形成了品质高下的比较。以两个山西民居的大门门头为例如图 2-7 所示，两者均为 19 世纪 20 年代修建的石砌门头，但两者工法不同。前者为三块整石切削一条长边的棱角后搭接而成；后者则是将用作横梁的石料切削打磨掉一个面，而后搭接而成。两种门头的处理工法都是当地民居建筑中的典型做法，从形式的表达上看后者较前者饱满；但从工艺方面看，后者加工方法简单、节省材料且不易出现施工误差，因而技高一筹。

由此可见，当材料、技能与工法的特征恰到好处地结合在一起的时候，工法不再是艺术品的外在经验，而是增强建筑表现力的主要方法。工法的重大进步与工艺经验有密切联系，如工具的改进、材料的发展、动力的转变都会影响到工法。但是工法的进步并不是技术性问题的解决，而是为了满足审美需求而从判断经验产生的技术改进。参与建筑活动的人和工法共同构成了促成工艺经验与判断经验耦合的媒介条件，是建筑品质生成的基本要素。

## 2.5 建筑品质的时代性特征

根据自然经验主义美学原则，笔者将生成建筑品质的经验分成工艺经验和判断经验两类。工艺经验是基于“物质”的客观实践，它源于参与建筑活动的建筑师和建筑工匠，是“做”的过程；判断经验是基于“感受”的主观认识，它源于参与建筑活动的决策者和使用者，是“受”的过程。工艺经验圆满完成并与判断经验产生耦合时，便形成了品质。因而，建筑品质的经验特征是主客观因素共同作用的结果。建筑师在客观条件基础上进行工艺活动，工艺成果刺激使用者和决策者的感知器官形成认知，而大众对于建筑的共性认知又以需求的模式反馈给建筑师，并在新的建筑活动中得到体现。

一方面材料、工具、动力等主要工艺要素受到生产力发展水平的制约，另一方面社会习俗、政治背景、文化潮流影响着评判者的审美感受，因此建筑品质的特征具有鲜明的时代特征。不同时代背景下塑造高品质建筑的方法不同，建筑品质的表现形式迥异。

### 2.5.1 手工工艺时代的品质特征

由于建筑材料有限、建造工具简单、动力不足等技术特点，手工工艺时代可加工的建筑单元尺度小、单元间形态差异大，因而形体拟合和视觉矫正为主要的建筑工艺方法。高品质建筑主要表现为精雕细琢的工艺技术和推陈出新的建造技术。

（1）形体拟合与视觉矫正

手工工艺时代受限于技术水平，可加工建筑构件的尺度小，建筑形体必须通过拼合来实现。而拼合过程中人工动力又无法保证操作的完全精准，因而便产生了形体拟合与视觉矫正的设计方法来实现预期的建筑效果。

形体拟合是在有限的技术条件下努力实现宏观尺度形式完整性的过程。视

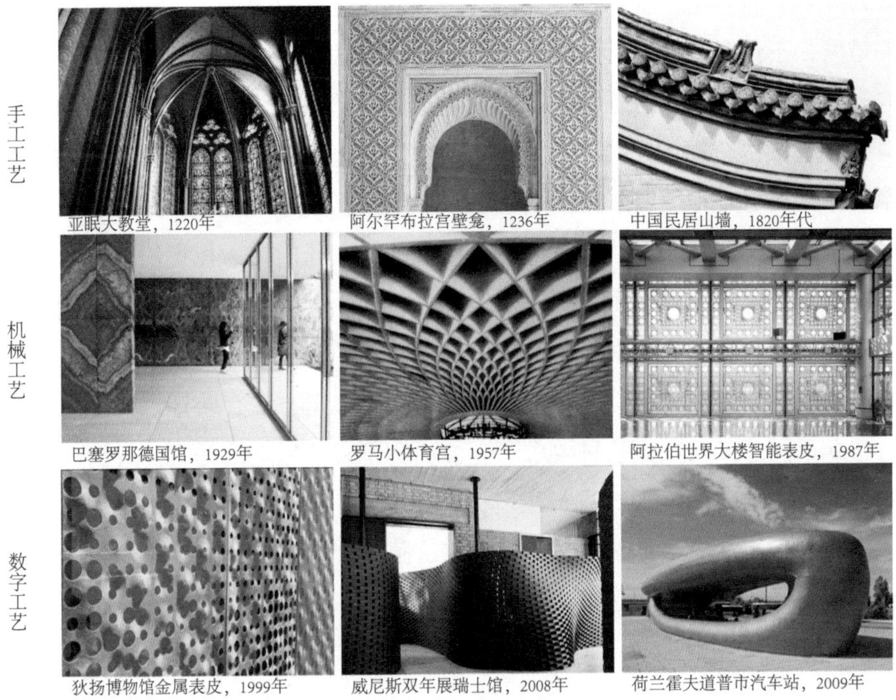


图 2-8 不同时代建筑品质的特征

觉矫正是对于形体拟合所产生的误差的调整，是与形体拟合孪生的设计方法。从视觉心理学角度讲，一个物体与人在大小上相比足够小或物与人的距离足够远而显得小，那么感觉经验的偏差就不会起作用。形体拟合可以通过材料组织的几何规律将观者的注意力从材料单体转移到材料组群的几何图案上面来。与几何图案相比，材料单体在视觉上的尺寸缩小，进而使人对于材料误差的感知变弱，达到优化工艺表现的目标。

形体拟合的过程通常是一个完整几何形体的分型过程，从宏观到微观建构多层次的几何逻辑，使运动中的观者在不同的观察距离下都能够接收到有序的几何图案序列，进而增强了被观察物体的识别性与感观秩序。

形体拟合与视觉矫正是手工工艺时代塑造高品质建筑的主要途径。

（2）精工细作与技术创新

手工工艺时代的工艺特征决定了高品质建筑的表现必然呈现出两种趋势：精工细作和技术创新。

以精工细作为表现特征的建筑常见于贵族建筑中。掌权者（在西方是国王、贵族或者宗教教会，在中国主要是皇帝、官僚）有权力调用一切优质材料、能工巧匠，不计时间、不计费用地为他们建造宫殿府邸。在为这些贵族修建房屋的过程中，工匠们没有任何经济顾虑地把全部精力投入到精工细作中。古埃及国王几乎倾尽全国的工匠为他们修建金字塔；印度阿贾汗国王为了给他去世的妃子泰姬修建陵墓，不惜动用20万工匠；中国历朝历代的皇宫殿宇也都是调集了全国的能工巧匠和优质资源建造而成的。工匠们在为权贵们服务的过程中不仅受到了庇护，同时也得到了金钱和名誉。因而，在他们看来贵族们的需求是至高无上的。权贵们对建筑的需求除了基本的生活起居之外，更关注其所表征出来的社会等级和财富，他们在材料使用、建造方法、装饰风格等方面都要求与众不同。工匠们在这种要求下一方面毫不犹豫地选取昂贵的材料，采用能够彰显其身份等级的形式进行建造；另一方面，在工法上也是将自家的绝密技艺应用到建筑活动中，以独一无二的工法独占鳌头。正是这种不惜代价的工艺经验决定了贵族建筑势必是无法复制的稀有品。

图 2-9　泰姬陵及其细部石雕（图片来源：清华大学建筑学院秦佑国教授提供）

在手工工艺时代技术上的史无前例能够带给人无限的崇高感受，进而形成审美判断。因而，在规模、形式相似、工艺技术水平不相上下的情况下，技术创新成为了建筑品质的主要特征。这里以古罗马万神庙和圣索菲亚大教堂两个体积、形式相仿的建筑为例。

万神庙建于公元27年罗马帝国时期，采用了原始混凝土和特提斯温海水中堆积而成的含有铁元素的红色大理石为主要材料。巨大的大理石块材逐层叠涩，砌筑成跨度约为42m、重量约为5000t的穹顶。穹顶自重沿拱券的肋梁方向转移到厚度约为 1m 的墙体上，再通过厚重的墙体传至地面，构成稳定结构与开敞完整的内部空间。为了减轻穹顶自重，建筑师将穹顶内侧不受力的部分去除，加工成凸凹有致的拱券内皮。身处万神庙中，巨大的体量、厚重的石材、细腻的“回”形纹理，以及顶口处射下来的光柱，都让人震撼与感动。

圣索菲亚大教堂在万神庙的穹顶建造工艺基础上有了进一步发展。穹顶约 55m 高，覆盖在一个正方形的空间形体上方，方形体块与圆形体块的过渡与衔接由柱墩上升起的帆拱解决。穹顶下的正方形空间可以向四个方向延展开，便于建筑空间布局与规模拓展。圣索菲亚大教堂不仅保留了穹顶的力量与神圣之感，同时还巧妙地解决了圆形穹顶与正方形空间的衔接问题，震撼之余也使建筑空间更加适应于人的使用需求。

罗马万神庙已经是其所处技术体系下建筑工艺的巅峰之作，然而建筑师并没有满足于万神庙的建筑工艺水平，而是根据使用者在功能性和审美方面的需求对工艺进行不断完善。建筑师在建造活动中所形成的发掘材料内在潜力的欲望以及追求完美建成效果的职业精神构成了工艺创新的主要动力，创造了具有更高艺术价值的建筑形式。

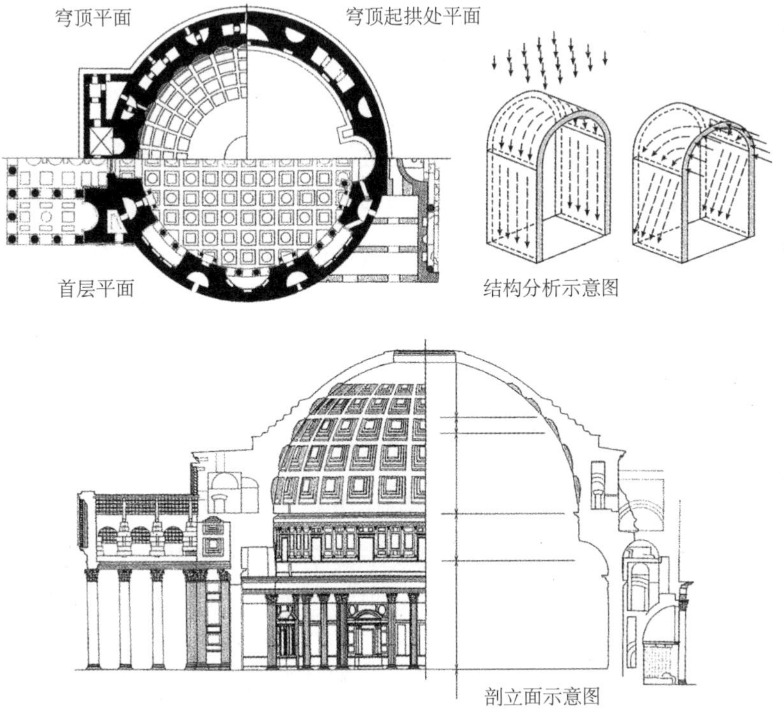


图 2-10 罗马万神庙分析图 [32]57

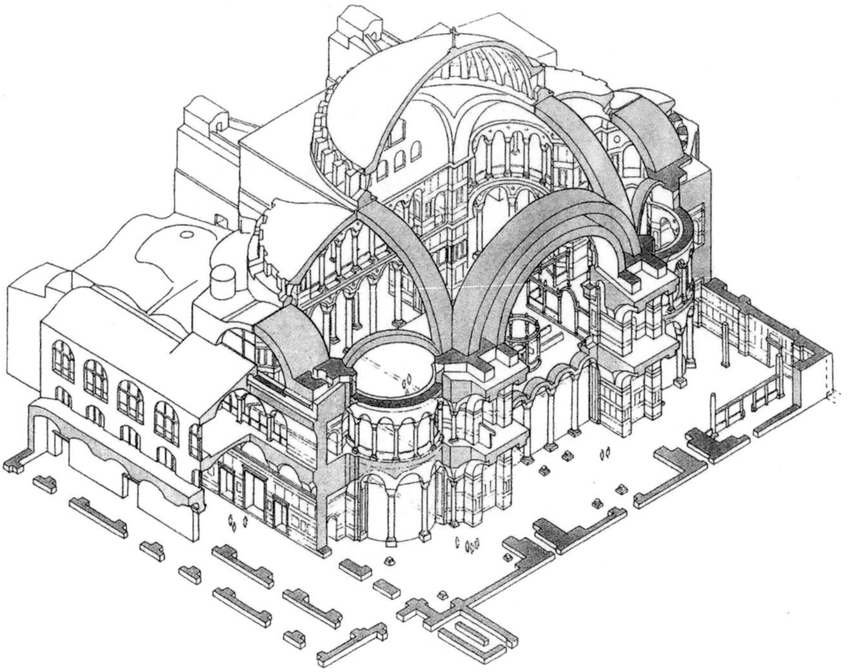

图 2-11　圣索菲亚大教堂分析图[32]56

## 2.5.2　机械工艺时代的品质特征

18 世纪末、19 世纪初，世界各国都相继进入了工业社会。在这一历史变革中，建筑工艺的组成要素都不可避免地发生了变化，建筑活动的社会属性以及公众对建筑品质的判断准则不可避免地发生了变化。建筑工艺的特征呈现出工业化、标准化的趋势，高品质建筑的表现形式越来越趋于几何化。

（1）工业化

18 世纪末，以自然科学发展为动力，以机械取代人力进行生产劳动为特征的工业革命从英国兴起。手工艺时代需要数十个石匠连续加工、打磨几十天才能够处理完备的工作，在机械工具的作用下短时间就能够完成。机械工具的强大动力、惊人速度、准确加工实现了手工工具和人力操作所不能企及的生产效率。这种工业化、机械化的生产方式带来了建筑工艺经验的工业化转变。

对于建筑材料而言，大范围公路、铁路网的建立扩大了建筑选材的范围，改变就地取材的局限性。钢铁、混凝土、玻璃三大现代建筑材料的兴起，改变了传统的砖石堆砌、泥土夯筑等建造方式，以装配、浇筑、安装为主的工业化方式成为了建造主要过程。对于加工工具而言，基本上由传统手工艺时代的斧、锯、钻、凿子等发展为电钻、机床、提升机等现代机械工具。这些机械工具在强大的动力作用下实现了手工加工无法达到的高速、平稳、精准，进而使材料加工效果呈现出与手工艺时代完全不同的平直与光洁。

在工业化的工艺技术体系下，建筑师从广义的匠人中抽离出来，逐渐远离了建筑本体的工艺过程，成为了一个负责设计的职业。建筑工匠也由于专业的细化和工业生产的发达，越来越少地参与到材料的加工与制作过程，转而专注于装配、浇筑、拼装等建造程序。建筑工艺由“材料—建筑”的整体性物质活动拆解成为“原材料—材料—构件—建筑”四个各具特征的工艺过程，每个工艺过程都有专门的工程师负责。

工业化的建筑工艺技术体系带来了经济至上、精确至上的建筑新风向，使建筑技术、形式、风格等因素均产生了划时代的变化，现代主义建筑开始了。

（2）标准化

建筑品质特征趋于标准化是在工艺技术工业化的基础上产生的。工业革命带来了社会的变革，进而改变了建筑业主对建筑工艺的需求。大工业生产加速了财富的聚集，社会的价值观趋向于对资本利润的追求。在这种情况下，工艺需求从实用性与观赏性转移到资本生成，建筑的业主不再是建筑的直接使用者，而是建筑使用功能的经营者，他对于工艺的需求是在满足基本功能需求的同时获取最大的利润。手工艺时代不计成本、不计时间的精雕细琢不可能满足这种资本工艺的需求，工业生产不可避免地被应用到了建筑活动中，于是建筑工艺呈现出标准化特征。

柯布西耶早在20世纪30年代就提出了“住房机器”的概念。在工业化生产方式的启发下，他希望能够生产健康的、美丽的住房，就像生产工具和仪器一样美丽。他在“新精神馆”的设计中实验了这一观念。新精神馆的37根混凝土地桩、楼板、工字梁、窗户全部在开工之前完成批量生产。柯布西耶在谈及这栋建筑的设计与建造时说“没有标准化，当代建筑学就会始终处于空想阶段、处于纷乱的思想阶段、处于支离破碎的构想阶段。标准代表的是可以达得到的改变、可以行得通的要素选择，以及沿着明确方向走向完美的决断。”

尽管在后面的建筑实践中，房屋建造与工业生产之间的矛盾及局限性越来越多地显现出来，但是“标准化”的印象却贯穿了现代主义以来的建筑设计。建筑师或是遵从，或是批判地围绕着“标准化”进行创作。

（3）几何化

这里提到的“几何化”是一种基于纯净形状与严格操作的美感。机器取代了手工劳动，圆球有着应有的浑圆与平滑，规则而完美；圆柱的形状实现了绝对对称。机器一丝不苟地遵循几何规则，在一种严谨的秩序中对建筑要素进行提炼与抽象。

几何化最早得以鲜明表达的是以彼得·蒙德里安、西奥·凡·杜斯堡、盖立特·里特弗尔德为代表的“风格派”。蒙德里安的后立方主义构图是风格派最早的原型。杜斯堡将这种构图风格进一步与建筑的结构联系起来，把造型主义的美学延伸到了三维。里特弗尔德在此基础上进一步将建筑要素抽象为线或面，并将这些要素通过几何法则整合在一起，建造了乌得勒支住宅。尽管风格主义作品在形式上已经能够清晰地表达几何化特征，但是这些特征并没有切切实实地与工艺技术联系在一起，直到柯布西耶的一系列作品建成。

柯布西耶认为“装饰艺术死了，纯净、强烈、浓缩、高度诗意的艺术降临了；渐渐地，建筑工地将走向工业化；机器对建筑的介入将趋向于‘典型要素’的建立；住宅格局也将得到转变，新式经济学将统一天下；典型性要素将带来细节的统一，而细节的统一则是建筑美不可或缺的前提条件”。随着实践的不断深入，柯布西耶将这种典型性要素进一步明确为“模数”，并提炼出了现代主义建筑设计与审美判断的基本法则。

（4）机械与手工的冲突

在由手工工艺向机械工艺转变的过程中，建筑设计、建造、使用等各环节均发生了天翻地覆的变革。这些变革在建立了新的建筑秩序的同时不可避免地暴露了机械工艺和手工工艺的冲突，这些冲突成为了建筑工艺发展的新动力。

首先，建筑师的工作与工艺过程脱节使机械工艺体系下建筑品质难以得到保障。机械本身并不坏，之所以机械工艺在很长一段时间内都无法创造能够被普遍接受的审美感受是由于设计的贫弱。建筑师与工艺经验的脱节使得他不了解真正的物质实践原理，很难从工艺经验中寻找创作的灵感，设计工作只能局限在对形式的附会和缺乏生命象征意义的讨论。

其次，在机械工艺技术体系发展初期，对资本的获取成为建筑活动的第一要务，建筑业主不惜牺牲建筑的审美价值以换取更多的利润。建筑业主为了降低成本，要求建筑师减少建筑用料、简化建筑工艺、缩短建造时间，追求建筑的“经济性”被前所未有地夸大为建筑活动的全部目的。快速、大量的生产性要求迫使建筑师无法精雕细琢地推敲工艺表现。于是，“经济性”与“廉价”、“品质低劣”画上了等号。正如森佩尔所言“新材料、新工艺和机器生产在市场中泛滥成灾，设计者无暇思考产品的制作方法，遑论那些熟练技工。思想和劳动的贬值反过来引起了产品内涵的贬值”[23]28。

第三，以数理逻辑为基础的机械加工原理打破了已有的以人体模数为依据的古典形式美学原则，而适应于机械工艺的审美判断标准还没有建立起来，这导致了判断经验的盲从。机械技术的基本原理决定了，在城市建筑供不应求的情况下，遵循数学规律的建筑设计是最高效、最容易实现的，这导致了大批千篇一律的“方盒子”的出现，这些建筑总是以一副冰冷的、无情的姿态呈现在大众面前，缺乏手工工艺表现的灵动与温暖。

第四，单调的流水线工作方式阻碍了建筑品质的提升。在机械工艺体系下，建筑不是一个人或者一个团体的工作成果，而是若干互不相识的专业技术组织通过流水线的方式共同工作的产物。工匠在这个庞大的工艺技术系统中只是重复着简单的劳动，这种工作状态带来了两个后果：其一，工匠的劳动是无目的、无创造性的；其二，工匠无法对自己进行的工作承担责任。因此，工匠本身在参与建筑活动时，并没有塑造高品质建筑的愿景，建筑活动失去了创造美的动力。

在工业社会，机械显示出了凌驾于手工之上的力量。然而，这只是相对于“力”和“量”而言，它并没有改变建筑的“质”。建筑师越来越意识到建筑的发展必须在新技术体系中为系统化、多元化、个性化的发展提供空间，这也就成为了数字时代的品质特征。

### 2.5.3　数字时代的品质特征

20世纪末，社会进入了以计算机信息技术大规模使用为标志的后工业时代，科学与技术前所未有地加速发展，随之而来的是社会结构从商业产品社会向以信息、知识为主要资源的服务型社会的转变。正如阿尔文·托夫勒在《第三次浪潮》中所描述“世界正在从变革中迅速地出现新的价值观念和社会准则，出现新的技术、新的地理政治关系、新的生活方式和传播交往方式，需要新的思想和推理，新的分类方式和新的观念”[43]47。

在这一过程中，建筑活动的决策者、实施者、使用者在信息技术的支持下空前地统一在一起。建筑师从为一个阶级集团的利益服务逐渐转变为服务于个体需求，建筑的决策者在建筑活动中的作用从对经济性的追求逐渐转变为服务于使用者，服从于专业技术知识。建筑流程从线性生产逐渐转变为多系统合作。建筑的工艺经验特征表现为系统化、参数化和个性化。

（1）系统化

数字时代的建筑工艺是各个专业在一套严密的、逻辑清晰的工作原则指挥下协同工作的产物，系统之间的逻辑结构是工艺表现的主要内容。

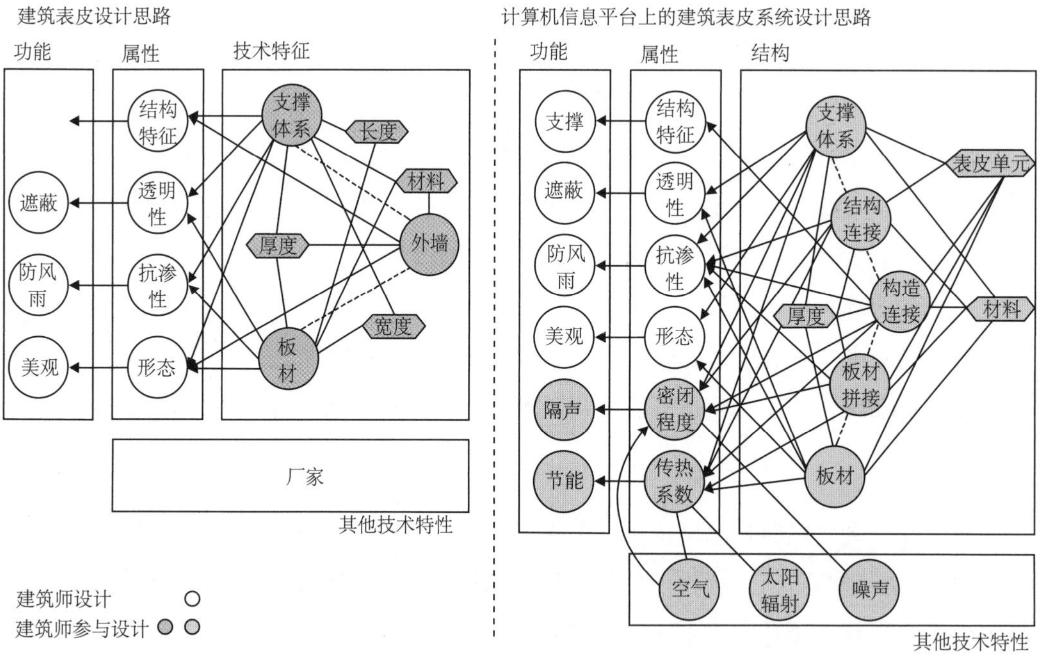


图 2-12 以“窗”为例，单元设计与系统设计的对比

以“窗”为例，传统的建筑工艺体系下，窗的功能要求是通风、采光，因而其工艺经验选取玻璃作为主要材料，主要表现为材料本身的透光性与透明性等物理特性。然而，在系统化的工艺技术体系中，“窗”更像是一层建筑的“皮肤”，除上述基础要求外还具有防热、隔声、通风等要求。因而其工艺措施包括材料选择、支撑系统的设计、连接构件的设计、板材的拼接等一系列的工序，

而且这些工序有组织地作用在一起形成整体的工艺表现。在系统化的工艺经验中，建筑师需要综合考虑建筑的各项功能，建构各项功能之间的逻辑关系与相互作用方式，如图 2-12 所示。而这些潜在的系统性、逻辑性从建筑工艺的各个环节中表现出来。

（2）多元化

计算机的出现为建筑创造的艺术性与技术性衔接提供了一个良好的媒介。建筑师利用参数化的方法设计建立可以描述建筑形体的数学模型，以此为基础进行结构计算、设备管道布置及建筑连接构件的设计生产，可以使各种技术在解决功能性问题的同时最准确地表达建筑的艺术性特征，打破了呆板的线性几何秩序，构成多元化特征。

以美国休斯敦大学和得克萨斯理工大学组织的 2010 年“Repeat 国际数字建造设计竞赛”的一等奖作品为例，如图 2-13 所示。该作品利用计算机模拟了肥皂膜结构，并以此为基础计算出耗材最少、结构最稳定的建筑单元。设计者使用激光切割技术制造了 1368 个铝制构件，这些构件组成了 148 个建筑单元，这些建筑单元拼接在一起形成了复杂的曲面异形体[44]。在这个构筑物中，建筑单元既具有结构功能，同时也是工艺经验的直接表达，建筑形体呈现出多元化、动态化的特征。

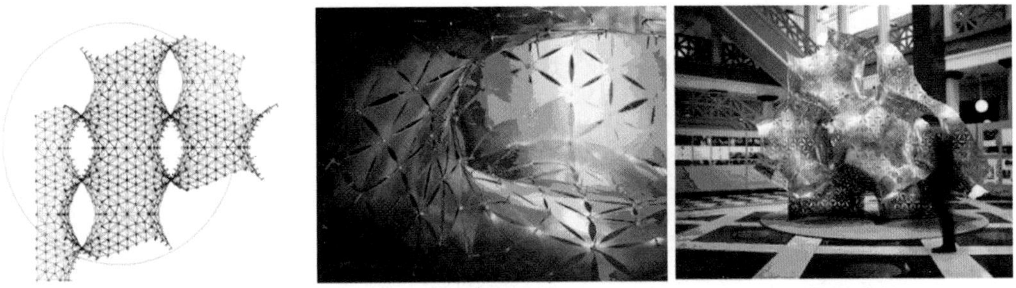

肥皂泡结构数字模型　　最小结构单元　　建成后作品

图 2-13　2010 年“Repeat 国际数字建造设计竞赛”一等奖作品[44]

（3）个性化

后工业社会的工业技术特征是以个性化的批量定制取代标准化的批量生产。建筑的批量定制效仿制造业“模块化预制组装”的生产方法，建筑被分解成若干构件，构件由工厂加工后，在工地进行装配。批量定制的建筑工艺以元素的重复、有秩序的组合作为工艺表现的主要特征，一方面强调组合方式的内在逻辑，另一方面突出了构件组合中连接构件的精致性。

“新的建筑程式与建造方法，虽然本质上是实用主义的分支，但是它不仅仅在设计上同时在建造方法上都为建筑师提供了重新树立权威的机会。”①[45]57 对于决策者和使用者而言，后工业社会的审美判断经验受到工艺经验转变的影响，逐渐形成了精致性、多元化、复杂性的判断经验特征。

首先，后工业社会的建筑更加关注加工与组装的精致性。在大工业生产条件下，各个建筑构件不可能实现定制化加工，构件形式与建筑整体形象之间存在误差，构件越多，出现误差的概率越大。建筑信息模型改变了传统的建筑设计与建筑构件生产模式，各个专业的工程师只需要与数字模型之间建立信息传输口，并通过模型的仿真结果进行自我检测和自我调整，再将每一个构件信息传输到数字制造设备中进行生产，从而实现了定制化的建筑构件生产。建筑信息模型减少了构件尺寸与建筑形体之间的误差，有利于进行精确化的建造。

第二，后工业社会的建筑呈现出多元化的发展。从设计方法来看，数字建筑的设计过程是一个多解优选的过程，通过计算机辅助设计软件，可以得到多种符合设计要求的结果。这种设计方法的改变决定了后工业社会的建筑不可能遵循同一个构型法则与形式规律。因此，后工业社会的建筑审美判断需要以结构逻辑的合理性为基准，接纳多元化表达方式。

第三，后工业社会的建筑形式不再局限于传统的笛卡儿体系，而是向着更加复杂的多维空间发展。这种复杂空间包括莱布尼茨（Gottfried Wilhelm Leibniz）提出的“模糊空间”、皮埃尔·布列兹（Pierre Boulez）提出的“光滑空间”和“条纹空间”、德勒兹所描述的“褶子”、“茎块”等等。1993 年英国建筑设计的权威杂志 <Architecture Design> 敏感地捕捉到了这一动向，并出版了以“建筑中的褶皱（Folding in Architecture）”为主题的专辑，来讨论这种模糊的、不确定性的建筑工艺表现形式。尽管今天有一些建筑理论家仍然对于建筑复杂形体的实用性持怀疑态度，但是随着参数化建筑的不断建成，建筑形体的复杂性趋势已经成为后工业社会建筑工艺最鲜明的特征。

综上所述，各个社会形态下的差异性决定了不同文化、技术背景下建筑品质的经验特征，这些特征形成了建筑工艺表现的时代性。

① 原文：The new process of design and production, born out of the pragmatic ramifications of new formal complexities, are providing unprecedented opportunities for architects to regain the authority they once had over the building process, not only in design, but also in construction.

# 第 3 章　影响建筑品质的要素

根据建筑活动的特征，影响建筑品质的客观因素主要有三个方面：材料、动力、工具。这些客观因素在不同程度上影响着建筑师、决策者以及使用者在建筑活动中所起到的作用，进而影响了建筑品质的塑造。

## 3.1　材料

“对于每一种手工艺的思考，在审视其产品的使用和制作过程之前，必须首先考察它所使用的材料和工具”[18]15，材料合理使用是建筑工艺表现的物质基础。

材料的基本属性，如色彩、质感、强度、硬度、耐久性等，决定了材料加工的方式、可实现的加工精度以及材料的加工效果，不同的材料将以不同的形式参与到建筑活动中，进而产生不同的工艺效果。如图 3-1 所示，这里列举了玻璃、石材、筒瓦、金属网四种材料在建筑工艺中所呈现出的不同形态特征。除此之外，材料在长时间使用后的老化情况、材料与周围环境的契合程度是建筑工艺是否有机地融入周围环境、并对环境氛围的塑造产生长期积极作用的主要衡量因素，是建筑工艺能够与周围环境共同构成整体意境的基础。建筑工艺表达中最基本的一点就是准确地传达建筑材料的意义。正如德国建筑理论家申克尔所言：“如果一座完整建筑物：从一种单一的材料中，用最为实际，也最美丽的方式获得了它明显的个性；从不同的材料——石头、木材、铁、砖——通过它们各自独特的方式，获得了明显的个性，这座建筑就有了个性。”[16]87

图 3–1　不同材料的工艺表现特征

### 3.1.1　自然材料

最主要的自然材料有土、木、石、砖、竹等等。本书将以石和砖这两种应用最普遍且沿用至今的自然材料为例，阐述材料对于建筑品质的影响。

（1）石材

石材是传统建筑最常用的材料，主要用于建筑墙体和基础部分的砌筑。按地质材料学的分类方法，天然石材一般分为三类：火成岩、沉积岩、变质岩。火成岩是由液态的岩浆冷却后直接形成的，强度和硬度都特别高，结构均匀。变质岩是原有的岩石结构在压力作用下发生变化而形成的，通常没有孔洞，有特殊的纹理。沉积岩是由微粒组成的，由于形成过程不同，不同种类的沉积岩会包含大量孔洞、水平层，甚至动物或植物的化石。沉积岩的强度没有火成岩强度大，易于加工，色泽和质感丰富多变，是最常见的建筑石材类型[70]17-22,[71]263。

自然石材的色泽、质感、强度、硬度、耐久性是影响建筑品质的主要方面。其中，色泽与质感决定了石构建筑的外观；强度和耐久性直接决定了材料作为承重结构或围护结构的稳定性；石材的硬度则主要决定了材料开采与加工的难易程度。在特定的技术条件下，块材的完整度和工匠所能够加工的石材构件的精细程度直接决定了石构建筑的工艺表现形式和细部的精致程度。表 3-1 是主要建筑石材的基本属性及其建筑表达的图示列表，由此可以直观地看出不同的石材类型具有迥然各异的工艺表达方式。

**建筑石材的基本属性与其建筑表达的图示列表** **表3-1**

| | 图示 | | 成分 | 物理属性 | | 外观 |
|---|---|---|---|---|---|---|
| 片麻岩 |  | 瓦尔斯浴场 | 长石<br>石英 | 硬度高<br>耐磨损<br>易开采 | 不易风化<br>耐久 | 颜色美观<br>色泽持久 |
| 正长岩 |  | 科隆教堂 | 角闪石长石<br>黑云母 | 硬度不高<br>易开采 | 容易风化 | 浅灰色<br>颗粒状、<br>斑状结构 |
| 灰岩 |  | 贵州民居 | 方解石 | 硬度较低<br>易开采 | 遇盐酸起泡<br>不耐久 | 灰色<br>浅灰色 |
| 大理石 |  | 帕提农神庙 | 方解石 | 中硬度石材<br>易开采 | 易风化 | 材质细腻均匀<br>颜色多<br>有纹理 |
| 凝灰岩 |  | 巨石像 | 火山灰 | 硬度不高<br>易开采 | 密实<br>不透水 | 颜色多样常见<br>黑色、紫色 |
| 火山岩 |  | 涠洲岛民居 | 岩浆凝<br>固而成 | 石质坚硬<br>易开采 | 抗风化<br>经久耐用 | 色泽光亮纯正 |
| 砂岩 |  | 顾特卜高塔 | 石英或长石 | 质地坚硬<br>易开采 | 砂岩抗风化<br>耐久性强 | 淡褐色或红色 |

资料来源：邓钫印．建筑材料实用手册．北京：中国建筑工业出版社，2007:263. Alfonso Acocella. <Stone Architecture>. Italy: Skira Press, 2006:31-98.

（2）砖

烧结普通砖是由黏土、石灰等经混合、制胚、烧窑制成的砌筑材料。最早的砖大概出现在古埃及时代，这种砖是多孔黏土与秸秆混合后经太阳晒干所形成的单元块。之后，随着冶炼技术的发展，各地区的工匠先后掌握了烧制砖的技艺，并逐渐开发出浮雕砖、贴面砖、琉璃瓦、陶瓦等衍生材料。

砖及其衍生材料对于建筑品质的影响主要表现在砌筑方式。砖的砌筑方式大致可以分为墙体砌筑、拱券砌筑、装饰性砌筑三种。不同的砌筑方式呈现出不同的纹样与质感，直接影响到了建筑工艺的表现。表 3-2 通过砖的主要砌筑方式与图示具体说明了砖对于建筑工艺表现的影响。

**砖的主要砌筑方式与建筑工艺表达图示列表** 表3-2

| | | | |
|---|---|---|---|
| 图示 | 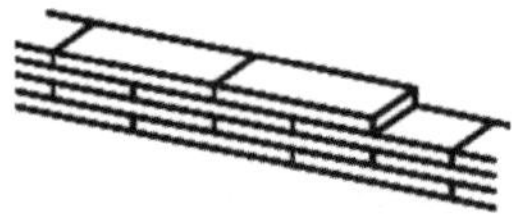 | 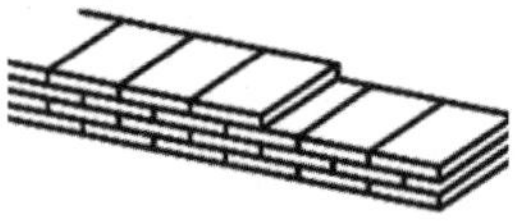 | 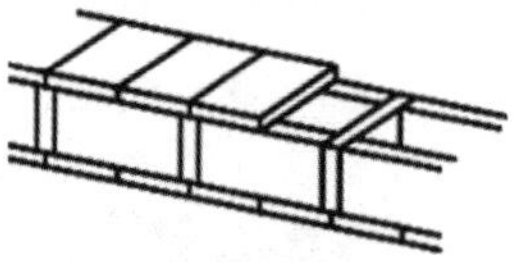 |
| 砌法 | 平砖顺砌错缝 | 平砖丁砌错缝 | 空斗式 |
| 特点 | 墙体较薄 / 稳定性差 / 不能过高 | 墙体较厚 / 稳定性好 | 省时省料 / 稳固性差 |
| 图示 | 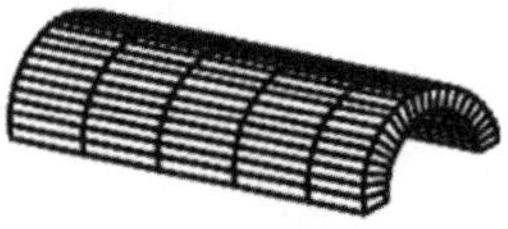 |  |  |
| 砌法 | 并列式筒拱 | 纵联式筒拱 | 拱壳 |
| 特点 | 结构简单 / 节省材料 / 整体性不强 | 结构简单 / 节省材料 / 整体性强 | 无支撑完整空间 / 无支模施工 / 工艺要求严格 |
| 图示 |  | 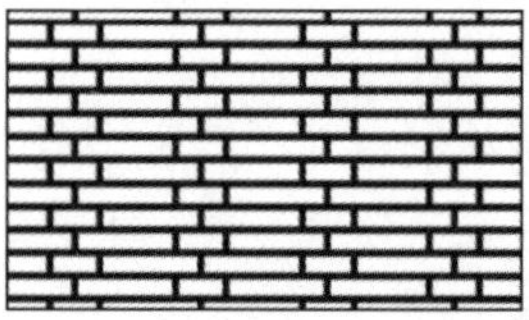 | 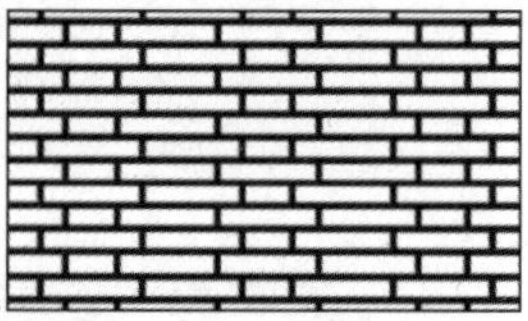 |
| 砌法 | 一顺一丁 | 两顺一丁 | 三顺一丁 |
| 特点 | 常见于各种建筑墙体的砌筑 | | |
| 图示 | 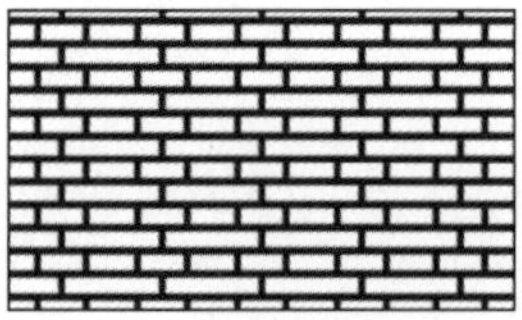 |  | 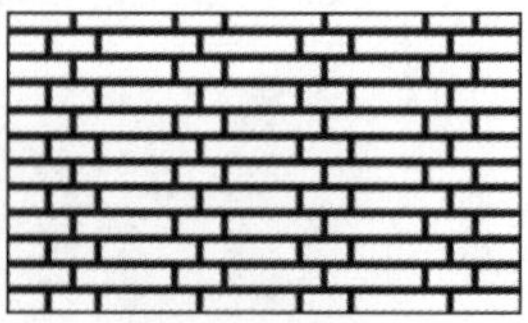 |
| 砌法 | 英式砌法 | 荷兰式砌法 1 | 荷兰式砌法 2 |

续表

| | | | |
|---|---|---|---|
| 特点 | 常见于英国砖砌建筑 | 常见于荷兰砖砌建筑 | |
| 图示 |  |  |  |
| 砌法 | 拼花砖墙 1 | 拼花砖墙 2 | 席纹式 |
| 特点 | 通过部分砖块的凸出（或者凹进）构成装饰性纹样 | | 外观如席纹样式 |
| 图示 | 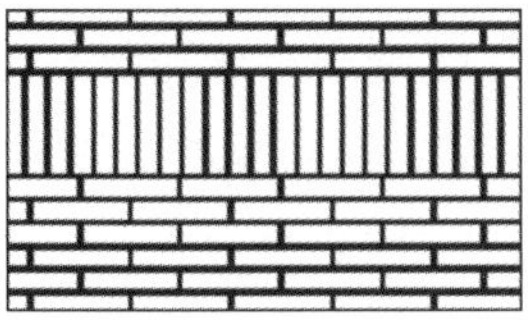 |  | 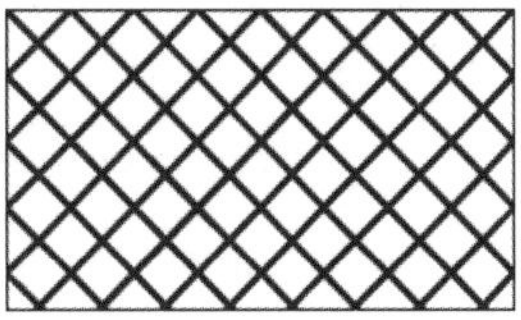 |
| 砌法 | 玉带墙 | 拐子锦 | 方砖斜墁 |
| 特点 | 组合样式多 / 稳固性好 | 常用于小式建筑铺地 | 常用于宫殿建筑铺地 |
| 图示 | 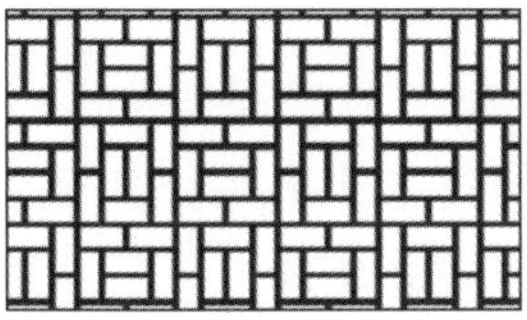 | 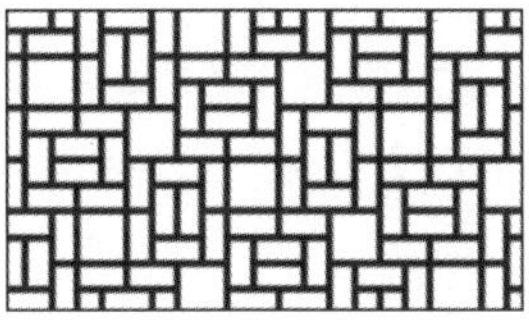 |  |
| 砌法 | 套方 | 套八方 | 人字纹 |
| 特点 | 常用于民居或园林建筑的铺地 | | |
| 图示 |  |  | 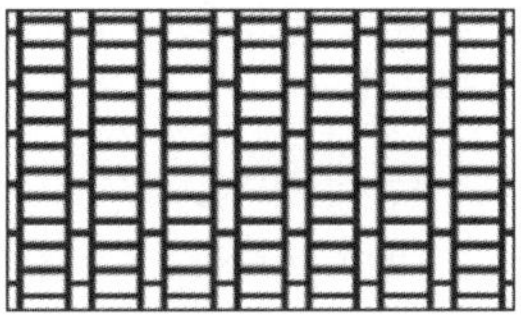 |
| 砌法 | 万字锦 | 中字别 | 一顺一横 |
| 特点 | 常用于园林建筑的铺地 | | |
| 图示 | 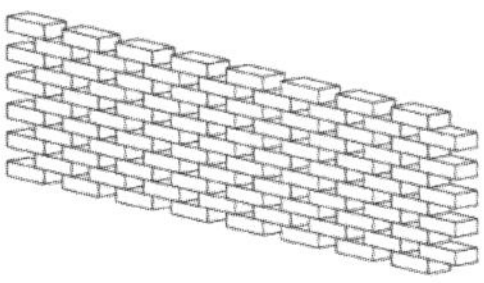 | 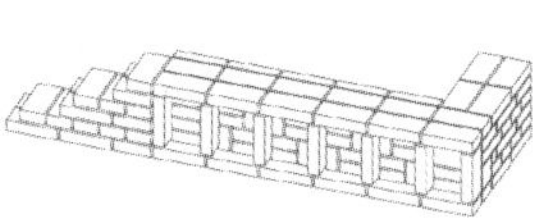 | 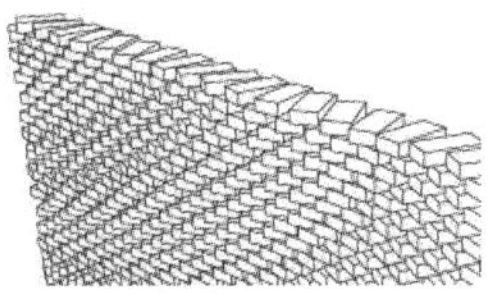 |
| 砌法 | 镂空砌筑 | 凹凸砌筑 | 曲面砌筑 |
| 特点 | 现代技术体系砖砌工艺表现特征 | | |

砌法名称资料来源：安德烈·德普拉泽斯．建构建筑手册——材料·过程·结构．任铮钺，袁海贝贝，李群等译．1版．大连：大连理工大学出版社，2007:15-34. 中国科学院自然科学史研究所．中国古代建筑技术史．1版．北京：科学出版社，1995:168-180.

### 3.1.2 人工材料

18世纪开始，材料科学迅猛发展，新材料的出现成为了建筑工艺变革的先行军。1784年英国人亨利·考特（Henry Cort）发明了转炉炼钢法，以生铁为原料，冶炼过程中降低碳含量，辅以调整成分而为钢。钢的强度大、硬度高、有良好的延展性、可焊性，尤其是热压力加工性，经轧制（锻压）、增大了成型工件尺寸。从这时起，钢铁便逐渐开始应用在厂房、桥梁、大型展厅的建设中。1824年，英国人约瑟夫·阿斯普丁（Joseph Aspdin）发明了波特兰水泥，次年商用水泥大规模生产，并广泛应用于建造。与此同时，工程师弗朗索瓦·埃纳比克（Franois Hennebique）提出了混凝土建筑特有的工程体系，混凝土在建筑结构工艺中逐渐取代了石材。1851年全玻璃建筑水晶宫的建立，使玻璃材料开始被大众接受，并逐渐发展成为当代建筑工艺中唯一一种不可或缺的材料[73]40-67。钢铁、玻璃、混凝土三种现代材料的基本属性决定了现代建筑的工艺表现形式。

（1）钢铁

钢铁是随着工业大规模发展逐渐应用于建筑工艺的一种材料。钢、铁就其组成而言，都是元素铁和碳的合金。人工炼铁的技术最早可以追溯到公元前1400年，居住在小亚细亚的赫梯人已经掌握了原始的炼铁方法。公元前1300至前1100年，冶铁术传入两河流域和古埃及，公元前1000年左右欧洲的部分地区也进入了铁器时代。然而，传统的冶炼技术只能生产脆性的生铁块材。块状生铁无延展性，不能锻造、轧制，在建造中用途大受限制。

直到18世纪中叶，由于热能的广泛应用和化工科学的进步，炼铁技术才有了飞跃的发展。工程师发明并发展了焦炭炼铁、高炉炼铁等新方法，同时还改进了熔炉、鼓风机等设备，生铁产量大增。

随着钢铁的物理化学性质的不断提高，产生了锁缆、铁杆、各种型钢等钢铁构件，保证了材料性能的充分发挥。[75]130

混凝土工艺表现图示列表　　表3-3

| | | | |
|---|---|---|---|
| 图示 |  |  | 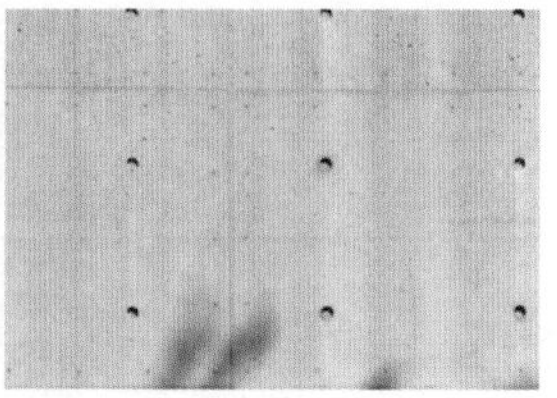 |

续表

| 说明 | 彩色混凝土 | 糙面混凝土 | 清水混凝土 |
|---|---|---|---|
| 特点 | 通过骨料成分调整颜色 | 粗糙模板浇筑 | 灰色水泥 / 钢模板浇筑 |
| 图示 |  | 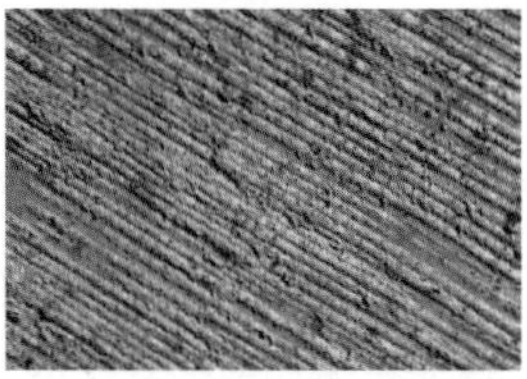 |  |
| 说明 | 点凿表面混凝土 | 篦式凿毛表面混凝土 | 锯条式表面混凝土 |
| 特点 | 混凝土面层厚 5~10mm/ 用尖凿处理 | 混凝土面层厚 5~10mm/ 用篦式凿子处理 | 混凝土面层厚 5~10mm/ 用锯式凿子处理 |
| 图示 | 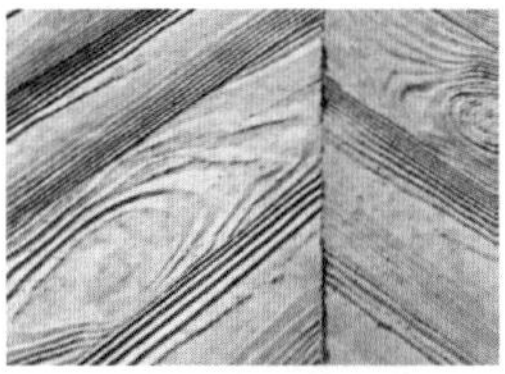 | 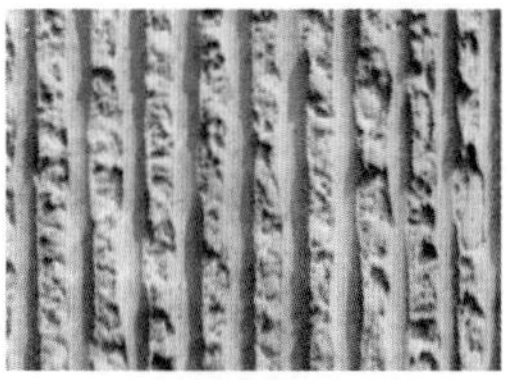 |  |
| 说明 | 木纹表面混凝土 | 石材纹理混凝土 | 竹子纹理混凝土 |
| 特点 | 木制模板浇筑 | Reckli 专利模板浇筑 | 采用竹子做模板浇筑 |
| 图示 |  |  | 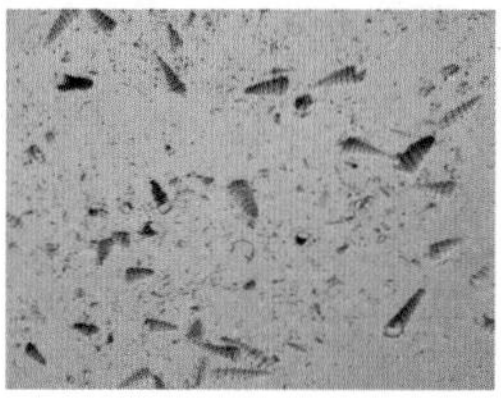 |
| 说明 | 石材质感混凝土 | 半透明混凝土 | 贝壳骨料混凝土 |
| 特点 | 添加石灰石骨料 | 混凝土掺和玻璃纤维 | 以贝壳、海螺等为骨料 |
| 图示 |  |  | 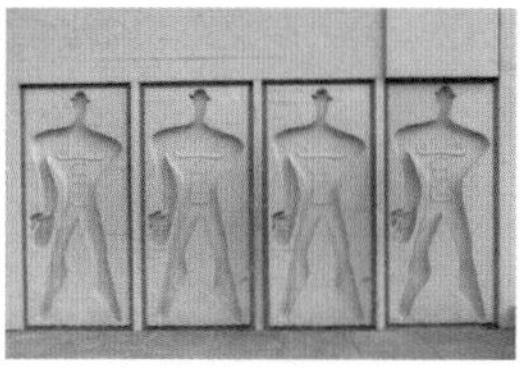 |
| 说明 | 混凝土肋板 | 混凝土浇筑壳体 | 混凝土浮雕 |
| 特点 | 大跨度的肋板结构 | 自由曲面的壳体结构 | 支模浇筑 |

图片来源：安德烈·德普拉泽斯．建构建筑手册——材料·过程·结构．任铮钺，袁海贝贝，李群等，译.1 版．大连：大连理工大学出版社，2007:48-68. 金德·巴尔考斯卡斯等．混凝土构造手册．袁海贝贝等，译.1 版．大连：大连理工大学出版社，2006:30-31.

早期钢铁材料与木材相比在防火方面具有明显的优越性，因而被应用于工厂建筑的结构体系，如 1792 年建筑师威廉·斯特鲁特（Willam Strutt）采用钢材建造漂白布车间。随着工程师对钢铁材料力学性能认知的不断加深，其工艺表达中力学规则有了明显的体现。1829 年，工程师布律内尔（Isambad Kingdom

Brunel）主持建造了跨度达214m的克利夫顿悬吊结构的铁索桥。1889年，世界博览会上机械馆和埃菲尔铁塔的建成，向世界充分展示了钢铁材料在建造大跨度结构和高层结构上的优势，钢结构建筑迅速发展[76]39。

随着工业加工技术的提高，钢构件制造工艺越来越精细，而且钢铁材料因为兼具结构功能和观赏性作用而成为极简主义建筑师描述工业之美的主要方式，其工艺表现逐渐形成了简洁、严谨、精致的特征。极简主义建筑在全世界的广泛流行使得钢材在建筑工艺中的作用从结构拓展到了结构与装饰兼顾，同时钢铁材料凭借着自身的机械感和几何性特征成为工业精神的代表。现代主义建筑大师密斯·凡德罗将钢铁所具有的独特的简约之美与工艺特点融入了范斯沃斯住宅、伊利诺伊理工学院克朗楼、新柏林美术馆等作品的设计中，使它们成为现代主义建筑作品的代表。

20世纪60年代之后，除了钢铁材料，铝、合金铝、铜、钛等其他金属也越来越多地应用于建筑工艺，金属材料在观赏性方面的价值被进一步发掘。工业制造的金属表皮单元表现出其他建筑材料不具备的精致性与多样性，金属幕墙、金属构件和金属结构成为现代建筑工艺表达的主要力量之一。由于现代制造业与现代金属工艺几乎同时出现，金属材料容易与先进制造技术接轨加工出复杂形式的单元构件，因而近年来金属也成为非线性建筑工艺的首选材料。建筑师德梅隆 & 赫尔佐格充分利用金属加工工艺的自由度，完成了一系列具有非线性特征的表皮设计。

与此同时，钢的力学性能被进一步发掘，广泛应用于大跨度、超高层建筑结构中，其表达出来的结构逻辑和抗拉性能成为钢铁建筑工艺表现独树一帜的风格。表3-3建筑师卡拉特拉瓦的作品将这种结构之美演绎得淋漓尽致。是现代主义之后钢铁建筑的工艺表现列表，可以直观地反映钢铁材料生产加工工艺进步所带来的建筑品质的变化。

（2）混凝土

混凝土是由水泥、水、骨料混合而成的建筑材料。早在公元前3世纪，意大利南部地区就有将泥浆混着毛石填充在两片石墙中间的做法，这是最早的原始混凝土。由于原始的混凝土是依赖自然资源形成的，没有准确的化学组成及成分配比，只在小范围内应用。1755年，英国人约翰·斯密顿（John Smeaton）发现了水硬性原理，并初步确定了水泥的化学成分，为水泥的工业生产提供了材料学的基础。1824年，瓦工约瑟夫·阿斯普丁发明了波特兰水泥。1825年，威克菲尔德公司将水泥投入了商用生产，这种材料才真正开始在建筑中大量使用[74]37。混凝土是现代建筑工艺的主要材料，其分类及基本属性详见表 3-4。

**混凝土的分类、基本属性及其在建筑中的应用列表**　　　　**表3-4**

| 类 型 | 骨 料 | 密度 kg/m³ | 导热系数 W/m²·k |
|---|---|---|---|
| 重混凝土 | 重晶石、铁矿、钢渣 | 3200~4000 | 2.30 |
| 普通混凝土 | 砾石、粗砂、矿渣 | 2300~2500 | 2.10 |
| 普通混凝土砌体 | | 1600~1800 | 0.92~1.30 |
| 轻质混凝土 LB-L | 膨胀黏土、膨胀页岩、泡沫矿渣 | 1200~1800 | 0.74~1.56 |
| 轻质混凝土 LB-Q | | 1000~1600 | 0.49~1.00 |
| 轻质混凝土砌块 | | 500~1000 | 0.29~0.59 |
| 高压蒸汽养护加气混凝土 | 天然砂 | 400~700 | 0.12~0.23 |
| 泡沫聚苯乙烯镶边混凝土 | | 600~800 | 0.22~0.31 |

数据来源：金德·巴尔考斯卡斯等．混凝土构造手册．袁海贝贝等译．1 版．大连：大连理工大学出版社，2006:91-94.

早期混凝土作为石材的替代品应用于建筑中，被称为“改进的人工石材”[74]91。1800 年，路易·维卡（Louis Vicat）改进了水泥的水硬性，并开始尝试着用木头作模板浇铸混凝土构件。

19 世纪中，法国工程师弗朗索瓦·埃纳比克发明了钢筋混凝土，并且取得了混凝土耐火楼板专利、钢筋混凝土剪力梁专利等一系列成果。19 世纪 60 年代，工程师海因兹·艾斯勒（Heinz Isler）利用悬垂线模型对混凝土材料的空间受力特征进行了分析，并设计了跨度达 100m 的混凝土拱壳结构，混凝土材料的工艺表现特征进一步明晰。

在这之后的一个世纪里混凝土建筑发展迅速，不仅仅在结构方面，混凝土材料的装饰效果开始受到关注，如以安藤忠雄为代表的日本清水混凝土建筑、保罗·鲁道夫在康奈尔大学美术馆中使用的竖向条纹混凝土等等。

混凝土材料对于建筑品质的影响一方面表现在材料自身的属性上，另一方面表现在混凝土表面处理工艺上。混凝土支模技术及模板选择通过材料表面质感的改变大大提升了混凝土的表现力，详见表 3-5。

（3）玻璃

玻璃是现代建筑工艺中不可缺少的建筑材料。玻璃的历史开始于公元前 650 年，亚述石碑记录了一个古老的制玻璃方法：60 份沙子，180 份植物碱，5 份硝石和 2 份石灰[39]54。18 世纪科学的大发展使人对玻璃性质和化学成分逐渐有了明晰的认识。19 世纪中叶，玻璃的物理化学性质、生产原料的配合比基本确定，玻璃的生产规模逐渐扩大。1851 年，水晶宫的建成标志着玻璃在建筑中的大规模应用[77]43-50。20 世纪 50 年代，浮法玻璃制造方法的出现提高了玻璃的产量和质量，玻璃价格大幅度下降，使玻璃从贵族材料转变为一种普通材料，从而促进了建筑玻璃的发展。

**钢铁工艺表现图示列表** **表3-5**

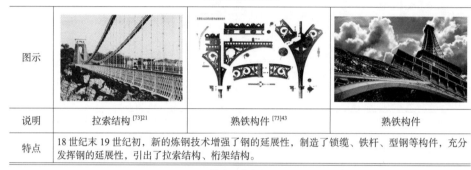

| | | | |
|---|---|---|---|
| 早期钢铁工艺表现 | | | |
| 图示 |  | 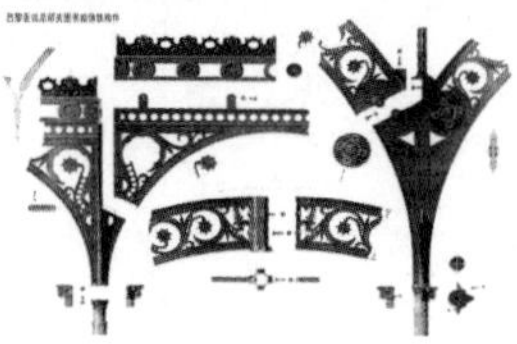 |  |
| 说明 | 拉索结构[73]21 | 熟铁构件[73]43 | 熟铁构件 |
| 特点 | 18 世纪末 19 世纪初，新的炼钢技术增强了钢的延展性，制造了锁缆、铁杆、型钢等构件，充分发挥钢的延展性，引出了拉索结构、桁架结构。 | | |
| 构造工艺表现 | | | |
| 图示 |  |  |  |
| 说明 | 钢构件及管道 | 钢制机械构件 | 单元构件表皮 |
| 特点 | 20 世纪中叶，用钢制造的建筑构件既作为建筑结构的必要构件又作为装饰性构件在建筑中广泛应用。 | | |
| 装饰工艺表现 | | | |
| 图示 |  |  |  |
| 说明 | 穿孔金属板 | 瓦楞金属板 | 曲面金属板 |
| 特点 | 钢、铝、铁等金属板材逐渐演变为单纯的表皮构件，通过材料本身的材质和色彩来表达工艺特征。 | | |
| 结构工艺表现 | | | |
| 图示 |  |  |  |
| 说明 | 拱架结构 | 拉索结构 | 高层钢结构 |
| 特点 | 钢铁抗拉性强，利于建造拱架、拉索、高层、大跨度等特殊结构，构成了钢材在建筑中特殊的表现形式。 | | |

玻璃对于建筑品质的影响主要表现在透明、轻薄等物理属性方面和二次加工赋予玻璃的不同表现特征。玻璃的建筑表达主要有两种方式：其一是由于其自身的透明性而显露出来的玻璃后面的建筑结构与链接节点；其二是玻璃对室内场景和人物运动的表达。玻璃建筑以其精致、飘逸、透明的特点消解了建筑围护结构的厚重感，充分展示了建筑内部的技术逻辑和空间组织逻辑。表 3-6 是不同种类玻璃在建筑工艺表现中的具体表达方式列表。

**不同种类玻璃的加工、特征及建筑应用列表**　　表3-6

| | | | |
|---|---|---|---|
| | 安全玻璃 | | |
| 图示 | 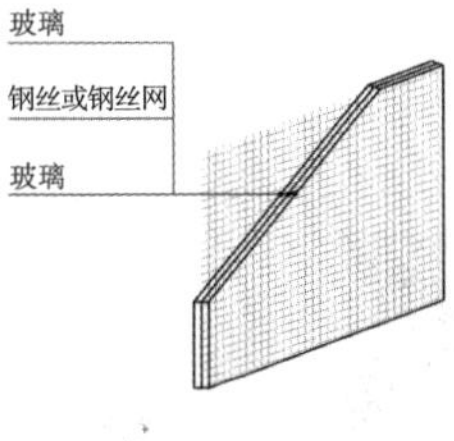 | 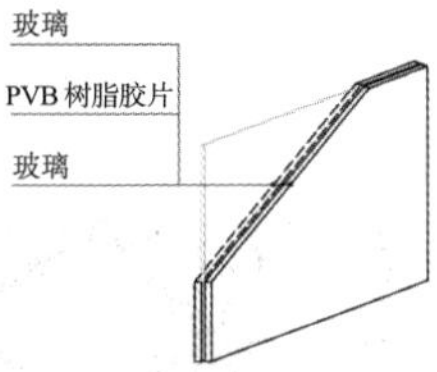 | 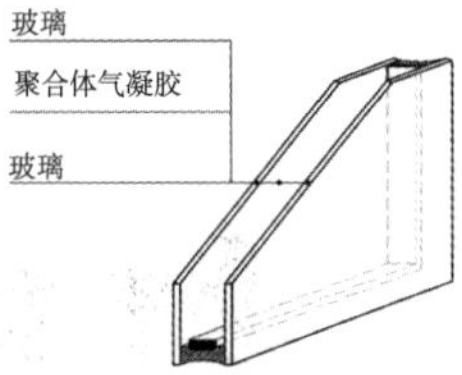 |
| 说明 | 夹丝玻璃 | 膜夹层玻璃 | 抗火玻璃 |
| 加工方法 | 将钢丝或钢丝网在玻璃熔融状态下压入玻璃原片 | 将 PVB 树脂胶片经加热、加压压入玻璃原片 | 在玻璃空腔中填充纯净的聚合体气凝胶 |
| 特点 | 安全性和防火性好 | 抗冲击性好 | 防热 |
| | 保温隔热玻璃 | | |
| 图示 | 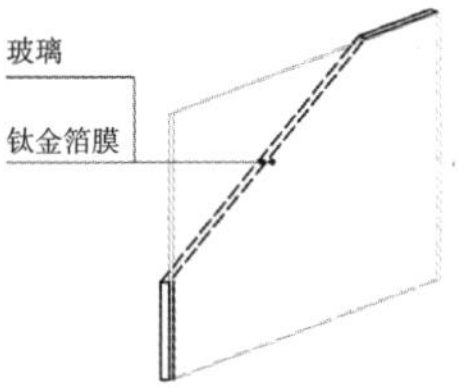 | 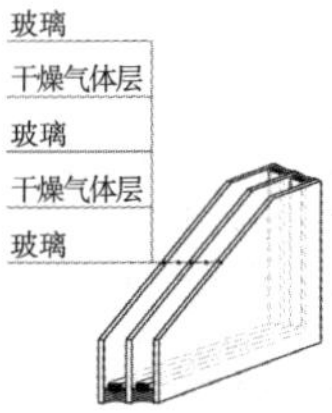 | 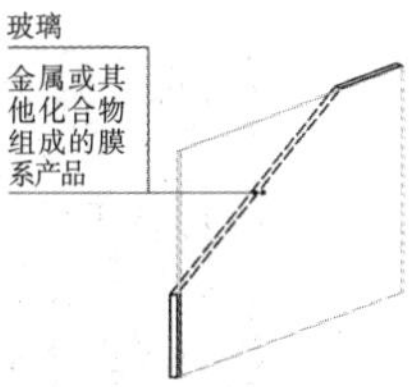 |
| 说明 | 钛化玻璃 | 多层装配式玻璃 | Low-E 玻璃 |
| 加工方法 | 将钛金箔膜紧贴在玻璃基材之上 | 在双层玻璃中间充入干燥空气薄层 | 在玻璃表面镀上多层金属或其他化合物 |
| 特点 | 抗碎性高 / 防热 / 紫外线 | 隔热性能好 | 隔热性能好 |

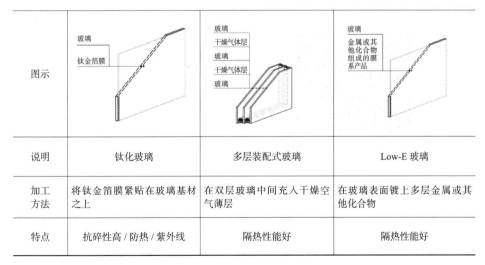

续表

| | | | |
|---|---|---|---|
| 装饰性玻璃 | | | |
| 图示 | 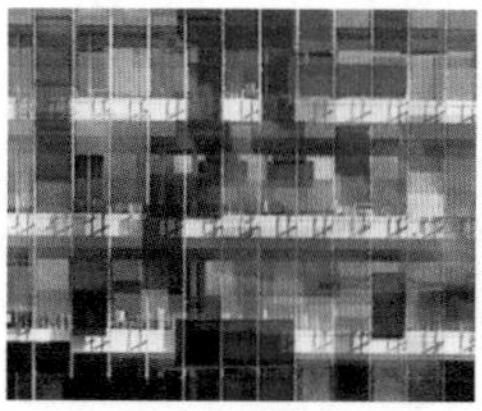 |  |  |
| 说明 | 染色玻璃 | 镀膜彩色玻璃 | 层压彩色玻璃 |
| 加工方法 | 在生产玻璃的过程中加入染色剂或者骨料 | 在高温玻璃表面涂液体金属氧化物/或通过真空镀膜机对玻璃进行加工 | 将彩色薄膜压在两层玻璃原片之间 |
| 特点 | 色彩艳丽/透明度好 | 产生有趣的彩色效果 | 色彩丰富 |
| 装饰性玻璃 | | | |
| 图示 | 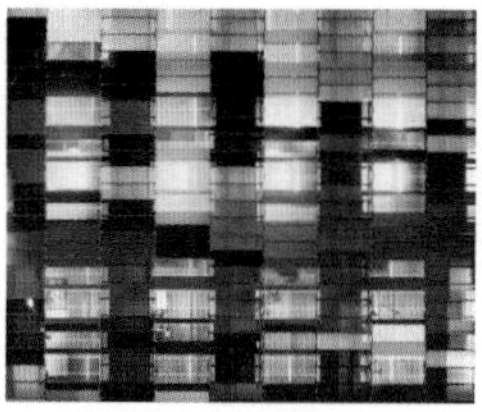 |  |  |
| 说明 | 搪瓷玻璃 | 空腔玻璃 | U形玻璃 |
| 加工方法 | 将彩色珐琅层烧制在玻璃基材表面 | 两片玻璃共同构成的/带有空腔的玻璃单元 | 纵向呈条状/横截面与英文字母"U"相似 |
| 特点 | 色彩艳丽/多变 | 表现效果多样 | 线条感/体积感/半透明 |
| 装饰性玻璃 | | | |
| 图示 |  |  |  |
| 说明 | 玻璃砖 | 丝网印刷玻璃 | 磨砂玻璃 |
| 加工方法 | 将熔融玻璃挤压成半块制品再将两个半砖压接成一个整体 | 颜色通过细密的丝网筛印刷到玻璃的表面 | 由氢氟酸处理玻璃表面达到亚光效果/或向玻璃表面喷射砂砾 |
| 特点 | 具备自承重能力 | 图案多样/形式感强 | 半透明/透过漫射光 |

图片来源：Michael Wigginton. 建筑玻璃 . 李冠钦译 . 1 版 . 北京：机械工业出版社，2001:252-260. 史蒂西 . 玻璃结构手册 . 任铮越译 . 1 版 . 大连：大连理工大学出版社，2001:87-90.

## 3.2　动力

动力因素是建筑规模、建筑构件精度的主要决定因素。动力的不断进步使人类所能获取的建筑材料尺寸越来越大，所能加工和处理的材料种类越来越多，加工的精度越来越高。

### 3.2.1　自然动力

蒸汽机发明之前，建筑活动的动力主要来源于人体和牲畜的生物力，这限制了手操作工具的规模与操作方式，将建筑活动圈定在特定范围之内。

肌肉骨骼系统的行为与能力限度可以用人体生物力学来分析。人体生物力学模型假设人体由质地均匀的枝干组成，每个枝干的重量都通过其质量中心，质量中心的位置参照登普斯特（Dempster）教授的人体各部分质量中心位置图[78]3-29。

手肘受力时的静态模式，体重为60kg者以水平姿势握持重物，手肘至指尖长度为45cm，手肘至手腕长度27cm[78]3-30。

一只手臂的重量是体重的5.1%，下臂与手的重量分别占手臂重量的33.3%及11.8%[78]3-31，提升物体质量为$W$：

物体重力：　$W\times 9.8\text{m/sec}^2=9.8W\text{N}$　（3-1）

下臂重：　$60\text{kg}\times 5.1\%\times 33.3\%=1.02\text{kg}$　（3-2）

下臂重力：　$1.02\text{kg}\times 9.8\text{m/sec}^2=10.0\text{N}$　（3-3）

手重：　$60\text{kg}\times 5.1\%\times 11.8\%=0.36\text{kg}$　（3-4）

手重力：　$0.36\text{kg}\times 9.8\text{m/sec}^2=3.5\text{N}$　（3-5）

设：$F_e$　一个体重为60kg成年男性右臂下臂可稳定垂直握持重物的最大肌力

$F_s$　一个体重为60kg成年男性右臂手臂弯曲时最大肌力

根据静力学公式，下臂保持平衡：

$$\Sigma F=0 \quad (3\text{-}6)$$

$$-9.8W-10-3.5+F_e=0$$

$F_e$=（13.5+9.8$W$）N

肩膀受力时的静态模式，上臂重量占整个手臂重量的 54.9%[78]3-32：

上臂重量：　60kg × 5.1% × 54.9%=1.68kg　（3-7）

上臂重力：　16.5kg × 9.8m/sec²=16.5N

根据静力学公式，上臂保持平衡：

$$\Sigma F=0 \quad (3\text{-}8)$$

$$-F_e-16.5+F_s=0$$

$$F_s=(F_e+30+9.8W)\ \mathrm{N}$$

$$F_s=(13.5+9.8W+30+9.8W)\ \mathrm{N}$$

根据人体生物力学测量数据，一条肌纤维所发挥的力量约为 0.01~0.02N，肌力是多条肌纤维收缩力的总和，一个体重为 60kg 成年男性右臂手臂弯曲时最大肌力为 $F_s$=290N，故该男性能够操作的工具重量为 $W$=12.6kg。

人体工程学研究成果表明生物力输出效率不高于 65%，正常情况下用手操纵工具时，操纵机构所需要的操纵力不应大于 127~150N，否则操作者不能持久工作，且极易出现疲劳，导致事故发生。如果取 $F_s$=150N，则 $W$=5.4kg。也就是说成年男性正常情况下可稳定、持续地操作的工具重量不超过 5.4kg。

对于手工艺时期的工艺表现而言，可稳定地操作的工具规模决定了材料加工规模小、材料尺寸有限、稳定性不强的特征。由于人力和畜力无法保证工具与被加工物体之间相对运动的均速与稳定，进而无法实现平整、精确的几何线或者几何面的塑造。因此，在手工艺时期的工艺表现常采用视觉矫正的方法进行调整。

### 3.2.2　机械动力

手工艺时期，受限于人体生理机能，手工加工的构件很难实现精细化和标准化，建筑工艺水平的差异性较大。与此同时，由于动力的局限性，使得材料开采、运输与搬运等问题成为建筑规模扩大的障碍。建筑活动中的动力问题在工业革命后，配合着机械工具的出现得以解决。

18 世纪中叶，瓦特在前人科学研究和实验的基础上，改进了蒸汽机技术，发明了实用型蒸汽机组，将人类的物质活动带入热能时代。蒸汽机组可以将热能转化为动能，大大提高了动力等级，同时也增强了动力的稳定性与持久性。在热能的驱动下，一方面工匠可以操作更大规模的工具进行建筑材料加工与建造，另一方面也方便了材料的开采与运输，为建造提供了更为丰富的选材空间。1873 年，首台用于生产的电动机出现，在生产加工过程中可以通过电能转化成动能来驱动加工工具。到 20 世纪初，发电厂已经能够提供 7.4MW 到 11.8MW 的涡轮动力。在持续、稳定、充足的动力保证下，刀具的切削速度从 1850 年的 12m/min 提高到了 1898 年的 36.6m/min。[75]589-620

**动力及能源演进列表** **表3-7**

| 动力 | | 时间 | 标志性事件 |
|---|---|---|---|
| 原始动力 | 初级生物能源 | 约公元 100 年 | 在南欧广泛出现一种有水平轴心的水车 |
| | | 约 1200 年 | 欧洲广泛出现风力磨 |
| | | 约 1650 年 | 风力磨在荷兰广泛应用 |
| | | 1681 年 | 在塞纳河上开始建造第一台水力提升机 |
| | | 1731 年 | 水泵机获得专利 |
| 机械动力 | 热能 | 1776 年 | 瓦特（J. Watt）完成了首部实用型蒸汽机 |
| | | 1781 年 | 霍恩布洛尔（J. Hornblower）蒸汽机组 |
| | | 1804 年 | 伍尔夫（Woolf）改进了蒸汽机组，使其达到双倍功效 |
| | | 1827 年 | 富尔内隆（B. Fourneyron）制造了第一台水轮机 |
| 电力 | 热能 | 1869 年 | 格拉姆（Gramme）发明了环形电枢发电机 |
| | | 1873 年 | 发明了首台用于生产的电动机 |
| | | 1889 年 | 西屋公司在俄勒冈州建设了发电厂 |
| | | 1903 年 | 尼亚加拉电厂具备了 7.4 到 11.8MW 的涡轮动力 |
| | 核能 | 1974 年 | 比布利斯核电站具备了 1275MW 的蒸汽涡轮动力 |
| | 生物能<br>自然能源 | 1983 年 | GROWIAN 大型风力发电站投入使用 |
| | | 1974 年 | 美国开始实行联邦风能发电计划 |
| | | 1992 年 | 日本实现了太阳能发电系统同电力公司电网的联网 |
| | | 1996 年 | 位于芬兰境内的 Oy Alholmens Kraft 生物能电厂成立 |

动力演进的时间顺序参考资料来源：特雷弗 I 威廉斯，查尔斯·辛格，E J 亚德，A R 霍尔．技术史．潜伟译．1 版．上海：上海科技教育出版社，牛津大学出版社授权出版，2004:589-620.

以热能和电能为主要动力来源的工业机器可以保证稳定、持久、精准的加工操作，进而保证被加工物体与工具之间的平稳运动，生产出平直、光洁的产品，这些工业产品逐渐应用于建筑工艺，改变了建筑活动的劳动模式，建筑施工的装配性增强。同时，机械动力的出现使工匠从繁重的体力劳动中解脱出来，建造效率和建造质量明显提升，手工艺时期大型建筑材料的运输和提升等难题也得到解决，建筑的规模不断增大，涌现出大量超高层建筑，进而凸显出当代建筑工艺与传统建筑工艺的明显差别。动力充足保证了建造的顺利完成，增强了建筑构件生产加工的精准性，为当代建筑品质的提升提供了前提条件。

## 3.3 工具

### 3.3.1 手工工具

在手工艺时代，用于建筑工艺的工具可以分为加工工具和搬运工具两种。加工工具通常为简单的切削、打磨工具，工匠用以直接处理建筑材料。搬运工具通常为简单的机械装置，常用于建筑材料的运输或建造过程中提升重物。

加工工具又可以分为粗加工工具和细加工工具两种。粗加工工具包括斧子、锤子、凿子、锯等，主要用于建筑材料的开采和整形，决定着可利用的建筑材料的规模和尺寸。细加工工具包括测量工具、各种刨子、刻刀，打磨用磨具等，多为小型金属器具，它们在建筑材料上留下的痕迹形成了材料的表观质感，是建筑工艺表现的主要途径。根据被加工材料自然属性的不同，每种材料和每一地区的工具名称及细分种类有微弱差别，但手工工具的操作原理与构造方式大体相同[79]70-77。表3-8以手工艺时期最常见的几项工具为例，具体阐释工具本身的技术要求、构造特征及其在建筑工艺中的作用。

手工艺时期加工工具列表　　表3-8

| | | |
|---|---|---|
| 图示 | 斧子与锛子 | 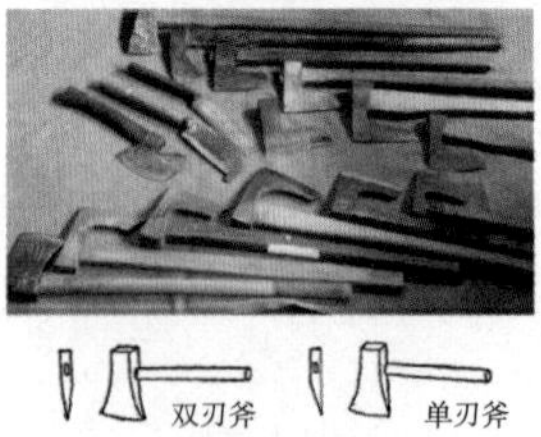<br>斧刃夹角通常为20°~25°<br>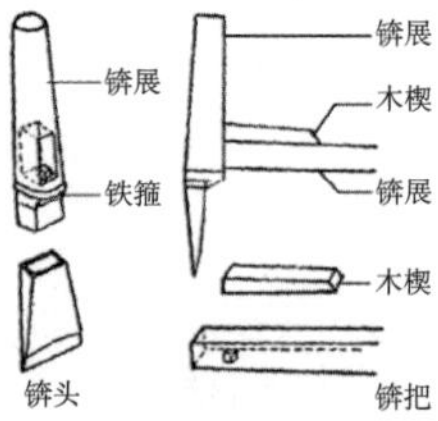<br>锛的构造部件 |
| 作用 | 用于快速开采/修正建筑材料 | |
| 特征 | 便于操作/易于发力 | |
| 构造 | 斧头、锛头的刃口宜用硬质钢材制造，手柄长度形状应考虑操作的便捷和舒适 | |

续表

| | | |
|---|---|---|
| 图示 | 锯子 |  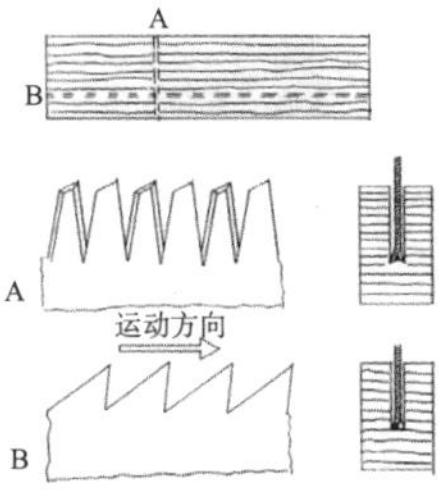  |
| 作用 | 材料粗加工工具，通过锯齿与被加工物体之间的平行移动塑造出形体 | |
| 特征 | 保证齿条与被加工物体相对运动的稳定性 | |
| 构造 | 锯齿方向与加工轨迹成微弱角度错列排开（俗称开路），且锯齿刃距中轴线距离相等，以增强加工时锯刃运动的稳定性 | |
| 图示 | 凿子 |    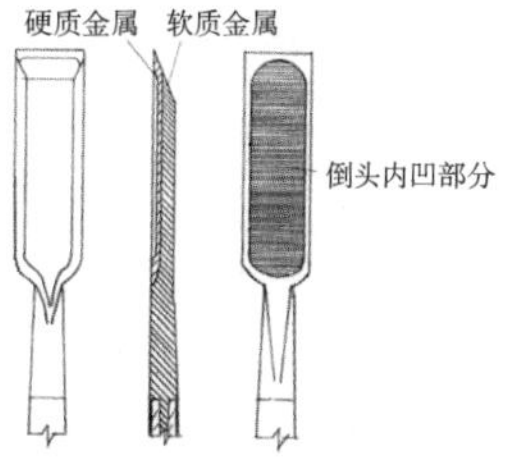  |
| 作用 | 材料楔形口开口工具 / 形体修整工具 | |
| 特征 | 防止加工过程中加工力的突变以及残余应力引起的材料形变 | |
| 构造 | 工具刀口由两部分组成：外刃为硬质钢材制造，便于加工坚硬物体；刀身为较软质钢材制造且刀身部分呈内凹状，避免刀头楔入物体后因产生过大应力而开裂 | |
| 图示 | 手工工具锤子 |  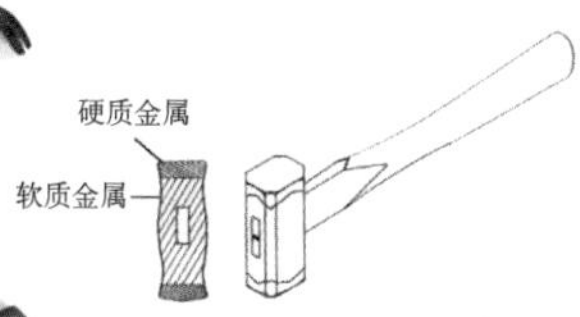  |
| 作用 | 用于夯实松散材料，增强加工力的辅助操作 | |
| 特征 | 防止锤头脱落伤人 | |
| 构造 | 锤头有两部分：加工面由硬质钢材构成，形成与被加工材料之间的硬度差，锤头其余部分由较软质钢材制造：并保证锤头与锤柄之间的牢固连接 | |

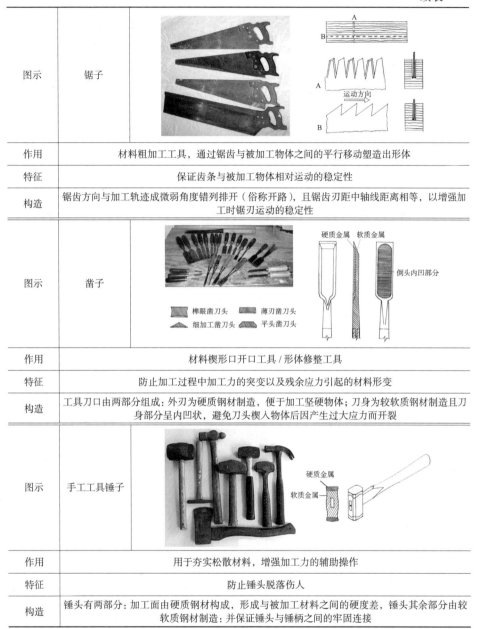

图片来源：S. Azby Brown, The Genius of Japanese Carpentry: The Secrets of A Craft. Tokyo: Kodansha International Ltd, 1989:70-77.

手工艺时期的搬运工具是以人力、牲畜力、简单的水力和风力为主要动力，以杠杆、楔子、螺杆、滑轮、绞盘和斜面等为基本操作原理的简单机械装置[80]39。尽管这些工具不对工艺表现起到直接的影响作用，但是它能够保证建筑活动中大型材料的来源，间接地决定了建筑规模、块材加工的完整性。特别在那些为古代君王建造的宫殿、陵墓或者教堂等建筑中，如金字塔、方尖碑等，大型建材的应用创造了前所未有的建筑形式，实现了建筑规模的不断突破，给观者带来了崇高之美。

此外，随着比例尺、水平尺、圆规、角尺和测锤等测量工具的出现，建造的标准性和精致程度具有了相对统一的度量衡，建造过程中的工艺经验与工法样式得到量化，并以数据形式记载传承，这对于建筑工艺的延续以及建筑工艺表达的协调性起到了重要的作用。表 3-9 是手工艺时代建筑工艺中常见的机械工具和测量工具列表。

**手工业时代建筑工艺中常见的机械工具与测量工具列表** 表3-9

| | | | |
|---|---|---|---|
| 图示 |  | 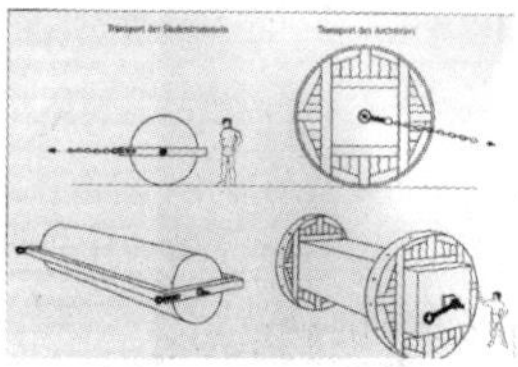 |  |
| 名称 | 材料称量装置 [80]39 | 石料运输装置 [80]70 | 测量工具 [80]97 |
| 特征 | 公元前 550 年左右，花瓶画上描述的杠杆原理 | 建以弗所阿耳忒弥斯神庙运输石料的方法 | 公元 1 世纪，斯塔提乌斯的墓志铭碑石浮雕 |
| 原理 | 杠杆原理 | 滚轮 | 测量工具 |
| 图片 |  | 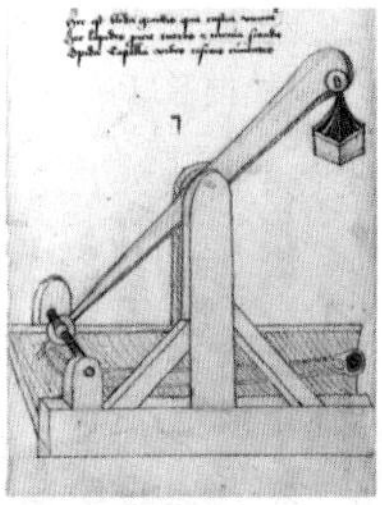 | 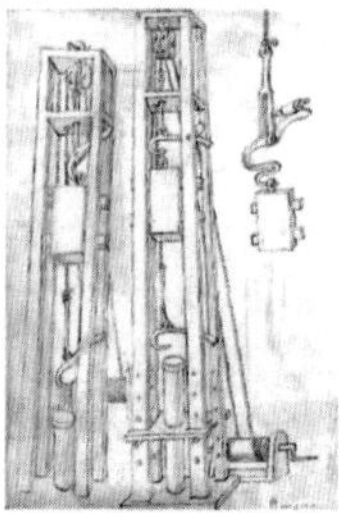 |
| 名称 | 立柱子的装置 [32]189 | 提升重物装置 [32]192 | 打桩装置 [32]243 |
| 特征 | 利用杠杆原理，以柱脚为支点将柱子立起 | 康拉德·克伊斯设计的用于吊升重物 | 乔奇奥设计的用于打桩的机械装置 |
| 原理 | 杠杆原理 | 杠杆原理 | 杠杆 / 滑轮组 |
| 图片 | 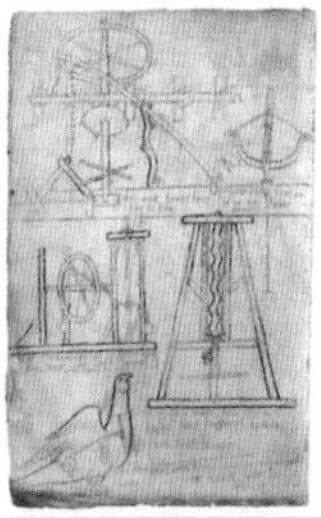 | 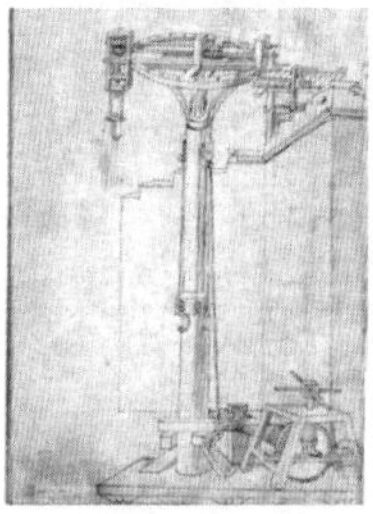 | 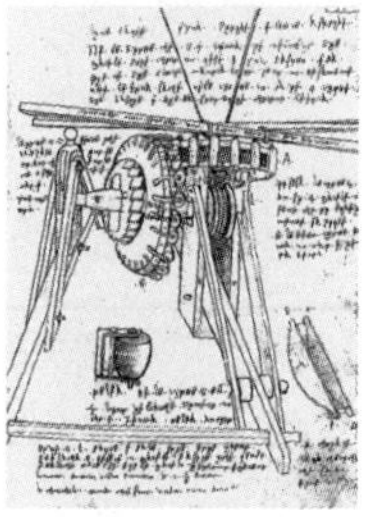 |
| 名称 | 水力锯木头工具 [32]255 | 提升装置 [32]267 | 提升装置 [32]312 |
| 特征 | 维拉尔·德·奥内库尔发明的利用水力来锯木头。 | 弗朗西斯科·迪·乔治·马丁尼设计的提升装置。 | 伯鲁乃列夫设计的向教堂顶部运送石块的装置。 |
| 原理 | 杠杆原理 | 滑轮组 / 杠杆原理 | 滑轮组 / 杠杆原理 |

图片来源：Walter Kaiser, Wolfgang Konig．工程师史——一种延续六千年的职业．顾士渊，孙玉华，户春春等译．1 版．北京：高等教育出版社，2008．Bill Addis. Building: 3000 Years of Design Engineering and Construction. London: Phaidon Press Limited, 2007.

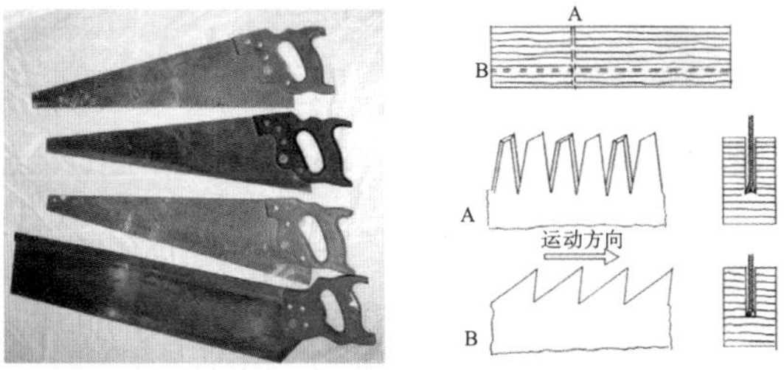
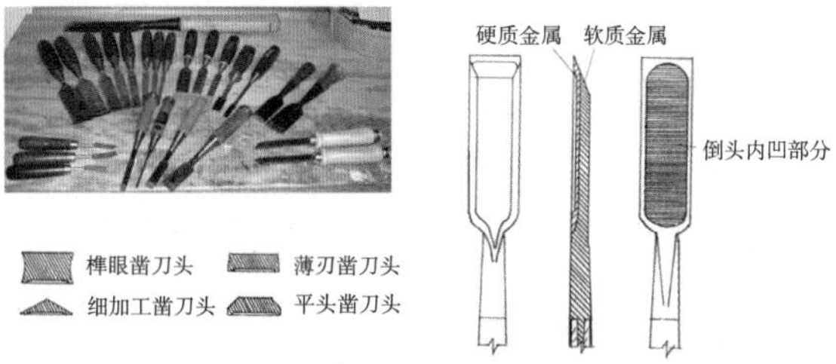
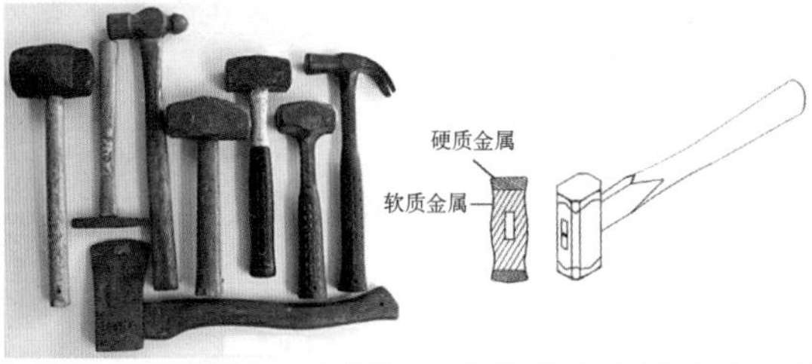

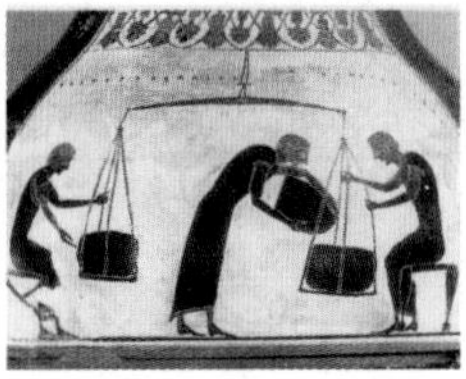 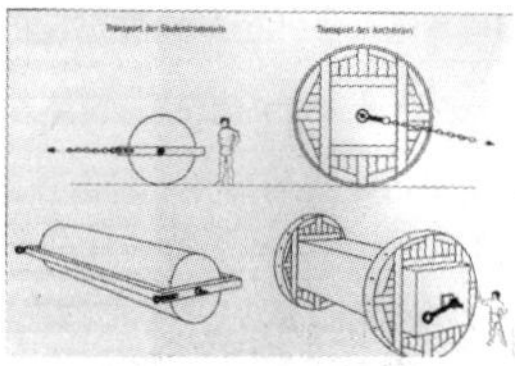 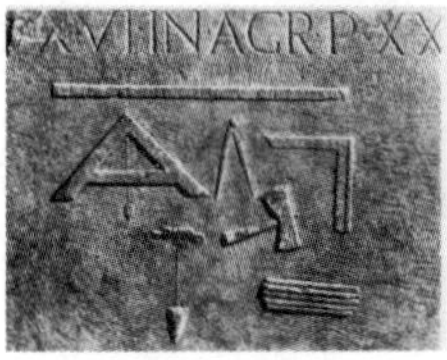 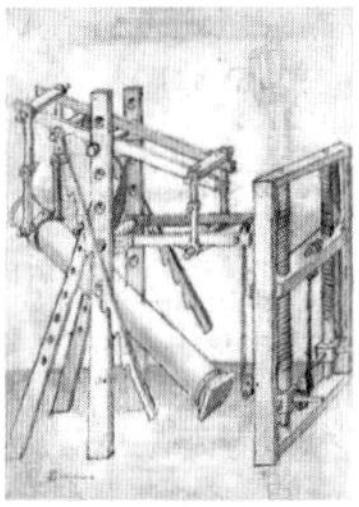 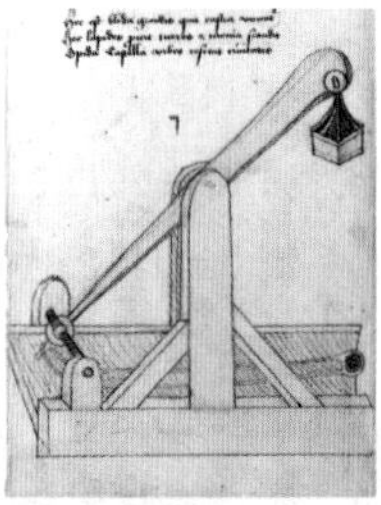 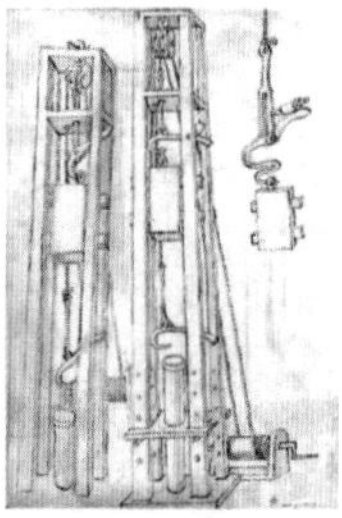 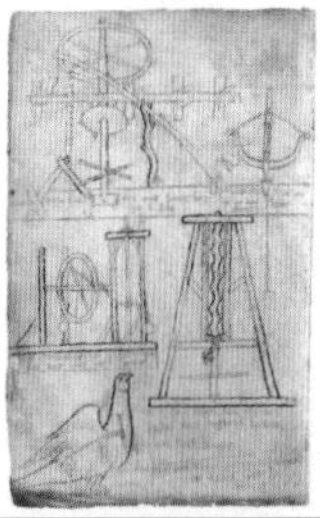 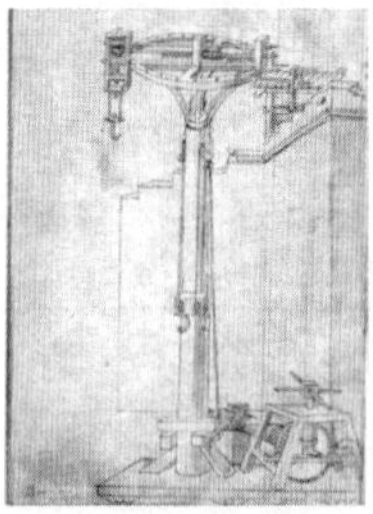 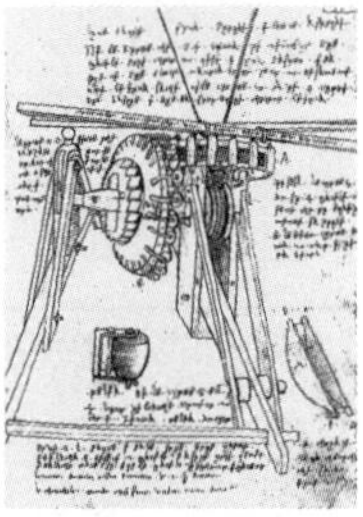 

### 3.3.2 机械工具

大规模机械工具的出现及其在建筑构件生产加工方面发挥的作用改变了建筑工艺的具体操作方式，促进了建筑工艺从手工技艺向机械化装配工艺的转变。

**机械工业时代建筑工艺相关工具列表** 表3-10

| | | | |
|---|---|---|---|
| 图示 | 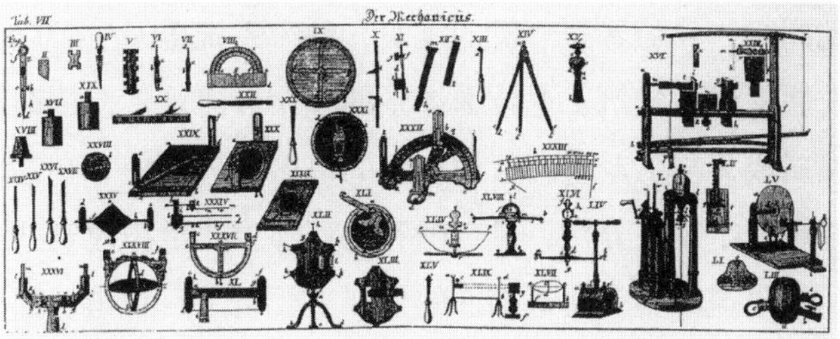 | | |
| 名称 | 18 世纪下半叶各种机械工具图表 [80]167 | | |
| 特征 | 在传统手工工具基础上发展起来的机械工具，合理地运用了各种机械原理，在工具的可操控性、稳定性、加工精度方面显著提高。 | | |
| 图示 | 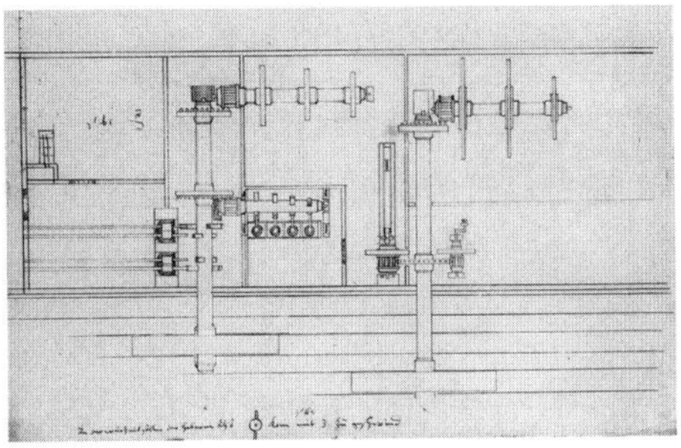 | | |
| 名称 | 第一台组合机床平面图纸 [80]189 | | |
| 特征 | 符腾堡公国建筑师海因里希·席克哈特发明的兼有锯床—钻床—香料磨—活动碾磨机—磨床—抛光机组合功能的磨坊平面图，带两个水轮。 | | |
| 图示 |  |  |  |
| 名称 | 车床 | 磨床 | 铣镗床 |
| 特征 | 18 世纪中叶开始工程师将各种工具整合在一起构成具有不同加工功能的机床，这些机床便于操作、稳定性好，用于各种建筑构件的加工和生产。 | | |

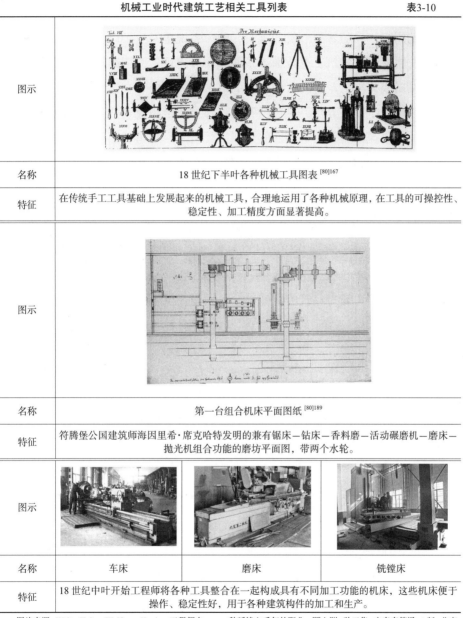

图片来源：Walter Kaiser, Wolfgang Konig. 工程师史——一种延续六千年的职业. 顾士渊，孙玉华，户春春等译. 1版. 北京：高等教育出版社，2008.

1750 年，法国工程师把一个由杠杆驱动、可以做纵向移动刀架安装在车床上，大大提高了刀具操作的稳定性。1797 年，莫兹利（R. H. Mozley）进一步将丝杆、光杆和滑动刀架整合在一架车床上，使车床可以加工出精密的平面和螺丝。19 世纪 40 年代，英国工程师内史密斯（James Nasmyth）先后发明了刨床和蒸汽锤，扩大了加工锻件的尺寸。到 19 世纪中叶，各种加工工具推陈出新，传统的单一功能的手工工具逐渐被操作方便、稳定性强、综合性能好的车床所替代[75]589-620。

与此同时，伴随着蒸汽机的发明，动力系统也发生了巨大的变革。工具与动力的发展促成了建筑工艺技术体系的革命。建筑工艺逐渐从小作坊式的手工艺劳动发展成为与工业生产密切相关的机械工艺系统。在这种情况下，建筑行业内部开始产生专业分化，建筑师和工程师主要承担建筑技术系统的设计与建造工作，而建筑材料、建筑部件的生产主要由工厂承担。因而，工具在建筑设计环节对建筑师的直接影响越来越模糊，而在建筑材料的生产加工、建筑单元构件的制造、建筑部件的组装等专项技术方面的作用则越来越显著。

除此之外，17 世纪末开始，校准仪、定位仪、水平仪等测量器具在建筑中的应用大大提高了设计与建造的准确性与标准化。18 世纪末，建筑设计与工业生产的测量单位统一为“米制”，建筑工艺与工业制造工艺进一步密切联系在一起，这一切都为建筑的机械化、自动化提供了必要的技术基础。

### 3.3.3 数字工具

20 世纪中后期，计算机的应用与普及为建筑基本信息的传递提供了一个高效的媒介工具，使得建筑设计、构件生产、建造三个环节有机会在同一个信息平台上进行操作，进而为建筑品质的提升提供了新的契机。

（1）设计工具：计算机

20 世纪中叶，计算机逐渐普及，随之产生了一种新的图形处理技术——计算机图形学（Computer Graphics）①，建筑师通过该技术实现了计算机辅助设计。当前，计算机辅助设计对于建筑设计的重大意义在于利用返向找形技术与图形生成技术拓展了人的脑和手对于复杂形体的控制能力。

- 返向找形技术

返向找形技术是利用计算机图形学基本原理进行建筑形体塑造的一种方

① 美国电气及电子工程师学会将其定义为一门“研究怎样利用计算机来显示、生成和处理图形的原理、方法和技术的一门学科”。

法，它是以计算机、三维扫描等数字工具为技术支持，实现了复杂形体的数学描述。返向找形技术的核心环节之一是三维扫描。三维扫描仪的基本工作原理是对被测物体进行连续的数据采样与数据处理，以确定采样点的三维坐标，进而形成“点云”，再通过计算机软件将点云进行截面微分处理，对每个截面片进行数学公式拟合，建立形体的数学模型。

三维扫描技术提出了“返向工程”的思路，即将实体信息直接转换成数字信息的工作过程。很多建筑师通过三维扫描实体模型的方法来反推建筑几何形体的数学模型，将手工技艺中的经验性创作与数字技术结合起来。建筑师弗兰克·盖里（Frank Owen Gehry）的事务所最先使用这种方法进行建筑设计。盖里按照头脑中的建筑形态及空间感受绘制草图，草图通常模糊不清，没有具体的几何形态。他的合作者根据他的草图制作一系列的实体模型，并通过剪切、增添、扭转、甚至施加突发外力等方式在模型上进行形体推敲。实体模型确定后，对该模型进行三维扫描，建立复杂形体的数学模型。在此基础上，建筑师综合考虑功能、结构、设备等问题，逐步完善设计，并将建筑数学模型进一步转变为工程语言用以指导具体的建造[45]159，如图 3-2 所示。

这种创作方式能够捕捉到建筑师的瞬时灵感，对传统绘图法所不能准确描述的复杂形体进行严密的数学拟合，为建筑概念具体落实到工程中奠定了基础，进而保证了工艺效果与建筑理念的高度一致。

**图 3-2 毕尔巴鄂古根海姆博物馆设计过程** （图片来源：清华大学建筑学院张弘提供）

- 图形生成技术

图形生成技术主要是指参数化设计，即根据建筑周边环境、建筑功能所承载的人体行为、建筑的环境条件等已知要素，建立数学模型，并利用计算机算法对数学模型进行生成式模拟。最早将计算机图形生成技术与艺术作品联系在一起的是美国新泽西州贝尔实验室工程师麦克·诺尔（Michael Noll），他利用计算机算法模拟了二次函数,创作了名为“高斯二次方程”的画作[45]33。1993 年，建筑师尼古拉斯·格雷姆肖（Nicholas Grimshaw）首次将这种参数化的图形生成方法应用到建筑设计领域，设计了滑铁卢国际火车站[45]112。格雷姆肖与他的合作者根据基地条件设定了以铁轨走向为平面雏形、以建筑跨度为基本参数的计算公式：

$$h_x=[2915^2+(B+C)^2]^{1/2}$$

式中　$B$——弦长较短部分桁架的跨度

$C$——弦长较长部分桁架的跨度

2915——桁架两铰支座的高度差

经过计算，将建筑形体设计成为一个 400m 长的渐变跨度玻璃拱，拱的跨度最小为 35m，最大为 50m，如图 3-3 所示。

凭借着超强的计算能力，计算机在对一些复杂参数公式进行计算的过程中往往会生成传统设计中没有出现过的形体，从而大大地延伸了人的眼和手的功

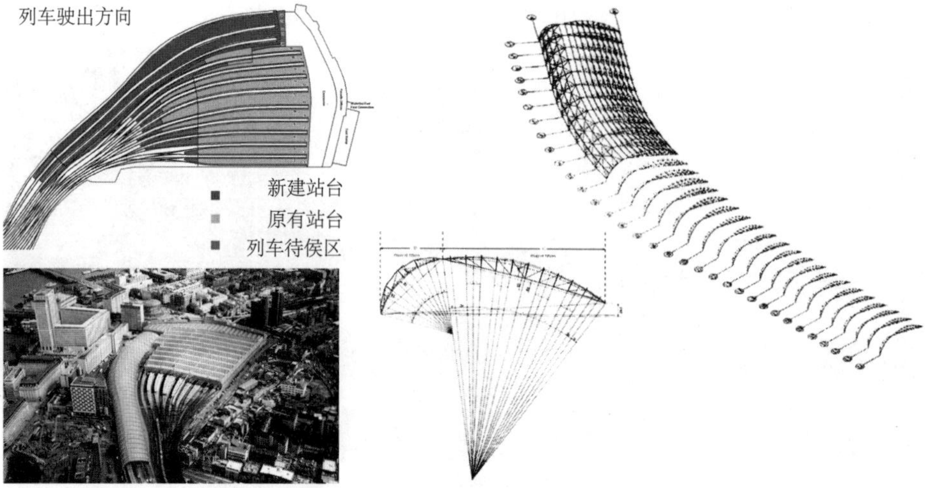


图 3-3　滑铁卢国际火车站[45]107

能，成为设计灵感的来源之一。

（2）建筑构件加工工具：数控机床

数控机床是美国麻省理工学院于1952年发明的先进制造工具，实现了制造业从计算机辅助设计到计算机辅助制造的自动化生产方式。数控机床工作的基本原理是“首先将拟加工物体几何信息编译成加工程序，将其输入数控装置。数控装置处理、运算加工程序，将拟加工物体的几何信息按照各个坐标分量传输到对应的驱动电路，带动各轴运动，同时进行反馈控制。以此保证使刀具与被加工物体及其他辅助装置能够严格地按照既定顺序、轨迹和参数进行加工”[81]78-106。近几年，数控机床技术飞速发展，不仅已经实现了高精度的“设计信息—控制信息—轴控加工—测量检验”闭环式加工方式，而且数控机床本身也从单坐标轴控制加工发展成为多轴联动式的数控加工方式，实现了曲面异形体的工厂生产。

数控机床技术最早被建筑师盖里用于1992年巴塞罗那奥运村鱼形雕塑的建造。雕塑约16.5m长、35m高，是用穿孔钢板塑造的鲤鱼形状。盖里用CATIYA软件完成形体推敲后，直接应用数控机床制造各部分构件，再将构件成品运到现场后进行拼装，如图3-4所示。

在当代的建筑实践中，数控机床除了建筑构件的制造外，还经常被用于金属表皮材料的加工，如不规则金属穿孔板、不规则压花金属板等等。数控机床

图3-4　巴塞罗那鱼形建筑

技术是当代建筑连续性、复杂性的工艺表现特征从理念到实体的转化过程中不可或缺的技术保障。

（3）建造操作工具：工业机器人

工业机器人①是近年来发展起来的一项综合型数字技术，是智能化建造系统的重要组成部分。工业机器人的工作原理与数控机床相似，将操作指令编译成机器代码，通过控制装置控制操作机完成目标动作。工业机器人实现了建造过程的智能化，大大解放了劳动力，在很多领域都有广泛的应用[45]341。

由于经济因素制约，当前工业机器人在建筑领域的应用主要集中在小型实验性建筑的建造过程中。近年来在数字化建造领域深入研究且已经取得一定成果的是苏黎世理工大学建筑学院的数字建造实验室。实验室主任马蒂斯·科勒尔（Matthias Kohler）教授在苏黎世郊区设计的一个储存白酒用的仓库中应用了数字化建造的理念，如图 3-5 所示。设计是由砖块堆砌而成的曲面墙体，砖块的缝隙可以透过阳光和风，为白酒储存提供一个既通风而又不阴暗的空间。建筑的墙体是由计算机手臂按照指令建造的单元墙拼接而成。每个单元都是由外框架和不规则排列的砖砌筑而成，砖块之间用胶粘结。建筑建成后每一块砖的位置和角度均不相同，既保留了砖砌工艺在力学规则、砌筑工法等方面的特征，又体现了工业机器人在建造过程中的精准控制。

**图 3-5　白酒仓库**（图片来源：苏黎世理工大学建筑学院数字建造实验室 Matthias Kohler 教授）

① 按美国机器人协会的定义“机器人是一种可编程和多功能的，用来搬运材料、零件或工具的操作机”。

（4）媒介工具：建筑信息系统

建筑信息集成系统是参照制造业的计算机集成制造系统（Computer Integrated Manufacturing Systems）模型①建构的适应数字技术体系的建筑工艺活动构想模式。清华大学建筑学院张弘博士在论文《计算机集成建筑信息系统（CIBIS）构想的理论框架研究》中对计算机集成建筑信息系统进行了明确定义："CIBIS 是一种以 TIA（技术信息集）为工具和支持，将建筑全生命周期过程中感知、创建、采集、描述的所有 AIA（属性信息集）信息整合为 IIM（集成信息模型），并以之作为存储、检索、管理、分析信息的数字对应物的系统"[82]123。CIBIS 的建立与应用可以将建筑全生命周期的信息整合起来，实现准确的建筑信息传递与应用、高效的生产与建造联合作业模式以及较高的建筑组装精度。

在当代技术条件下，CIBIS 对于提升建筑品质的显著优势在于它将参与建筑活动的各个专业系统化地整合在一个数字平台上，避免了机械生产中各专业沟通不畅、专业技能得不到充分发挥、协调性差的问题。在传统的建筑设计中，各个工程师需要通过彼此之间的沟通来组织设计，各个设计单元之间的信息接口容易产生信息的错误传输，从而导致建造误差。建筑信息模型改变了传统的设计流程，各个专业的工程师只需要与仿真模型之间建立信息传输接口，并通过模型的仿真结果进行自我检测和自我校正。基于 CIBIS 进行建筑设计，减少了信息传输接口的数量，进而也减少了误差出现的概率，有利于进行精确化的设计与建造。

目前，建筑实践中已经开始使用并且逐渐在全世界范围推广的 CIBIS 工具是 BIM（建筑信息模型）。BIM 是 Autodesk 公司开发的一系列三维设计软件，它包括六个信息子模型：设计模型、施工模型、施工进度控制模型、制造模型、成本模型、操作模型。这些模型基本上涵盖了建筑全生命周期的每一个环节，同时兼顾到建筑师、工程师、业主三方面的需求。2010 年美国 Dell 电脑公司和行业媒体 BD+C(Building Design+Construction) 合作发布了一份名为"Future-Proofing BIM"（BIM 的未来发展）的行业白皮书，该书指出建筑信息系统应该在进一步完善目前最普遍的 DBB"设计—招标—施工"基础上，提高参建方之间的协同工作程度，最终使项目整体效能最优化。此外，作为建筑行业未来主要的工作模式，世界各国建筑界已经全面展开了 BIM 的标准化体

① CIMS计算机集成制造系统，1974年，J.哈林顿提出的，即在柔性制造系统（FMS）、计算机技术、信息技术、人工智能等基础上，将工厂生产、经营活动所需的各种分布的自动化系统，通过简化、要素化与标准化有机地集成起来，以获得适用于多品种和中小批量生产的高效率、高柔性的智能生产系统。

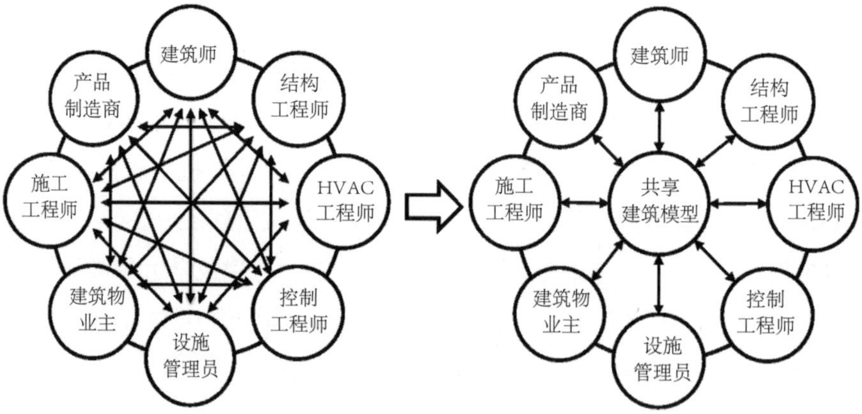


**图 3-6　信息传输接口的改变示意图**（图片来源：清华大学建筑学院张弘提供）

系制定工作。1997 年，IAI(Industry Alliance for Interoperability) 组织发布了第一个完整版的 IFC 模型[①]。2006 年，美国根据 IFC 模型制定了 BIM 应用标准——NBIMS[②]。2007 年，日本建筑师学会制定了基于全生命周期的建设信息化的 CALS/EC 标准[③]。

BIM 信息模型已经成为数字时代建筑产业链整合与建筑行业发展的必然趋势。随着数字工具在建筑各个环节的应用，建筑的工艺方式与表达特征都在逐渐发生改变，这构成了数字时代建筑品质的新特征。

（5）快速原型

20 世纪 80 年代，美国 3D System 公司率先提出了快速原型加工技术。该技术以堆栈的方法将微小的材料单元堆积成型[④]。快速原型实现了复杂形体的高精度三维加工，同时一次成型的加工模式使材料利用率达到 100%。

当前比较成熟的快速原型工艺技术有以下几种：光固化工艺、熔融沉积

① IFC（Industry Foundation Classes）标准是面向对象的三维建筑产品数据标准,其在建筑规划、建筑设计、工程施工、电子政务等领域获得广泛应用。

② NBIMS（National Building Information Model Standard）是一个完整的BIM指导性和规范性的标准,它规定了基于IFC数据格式的建筑信息模型在不同行业之间信息交互的要求,实现信息化促进商业进程的目的。

③ CALS/EC（ContinuousAcquisition and Lifecycle Support/Electronic Commerce）是日本指定的BIM指导性和规范性的标准，用于建设领域信息化框架，主要内容包括工程项目信息的网络发布、电子招投标、电子签约、设计和施工信息的电子提交、工程信息在使用和维护阶段的再利用、工程项目业绩数据库应用等。

④ 快速原型（Rapid Prototyping），是20世纪80年代以后发展起来的先进制造技术。根据原材料的性质，目前大致可分为液态形式、微粒形式、固体形式三种。其中微粒形式的主要技术原理为三维印刷和局部激光烧结，液体形式的主要技术原理为液体聚合法和熔化固化法，固体形式的主要技术原理为切片聚合、熔化法、分层粘结。

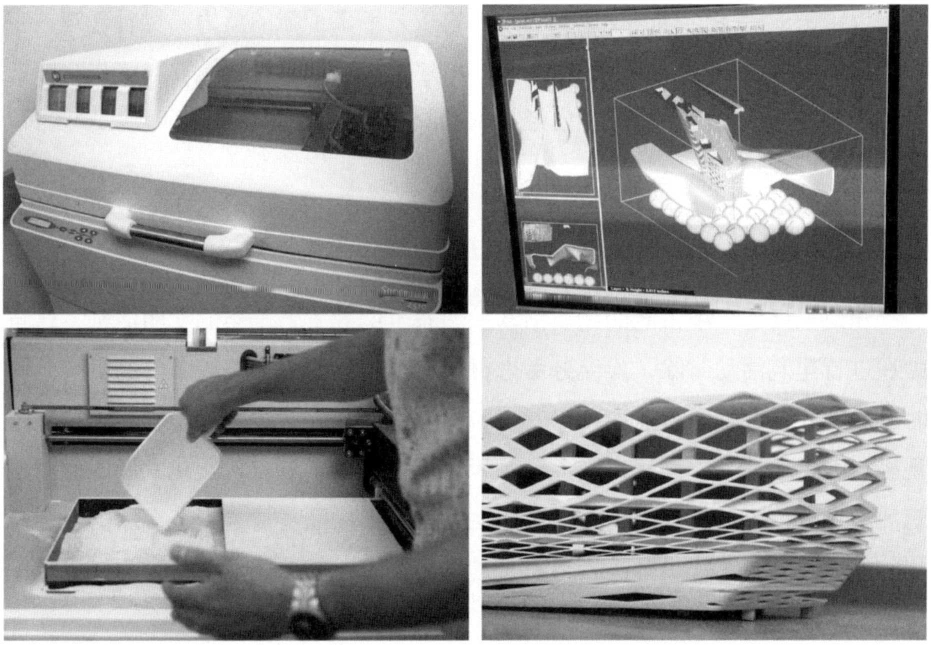

**图 3–7　数字工具与 3D 打印**（图片来源：清华大学建筑学院黄蔚欣提供）

成形工艺、叠层实体制造工艺、三维印刷工艺、熔融堆积法。目前在建筑中常用的快速原型技术是三维印刷（3DP）。三维印刷是使用液态连结体将原材料粉末分层固化，以创建三维实体的先进技术[①]，三维印刷工艺的精度高达0.089~0.254mm，可以实现任何复杂形体的高精度加工。

建筑师通常利用快速原型技术精度高、成形快、个性加工的特点来进行复杂的建筑形体的建造。如荷兰代尔夫特理工大学在霍夫多普市建造的史伯尼医院公共汽车站（Bus Station at Spaarne Hospital），是迄今为止世界上最大规模使用三维印刷技术进行建造的建筑。然而，快速成型技术产品受到原材料和加工机械的限制，该项目体积较小而且成本较高。在当前的技术水平下，建筑实践中应用快速原型进行建筑形体塑造的案例较少，但在复杂的构造节点制造方面应用较为广泛。

与传统的制造技术相比，快速原型技术的工艺操作原理由“去除法”转变成“增长法”，制造方法由“有模制造”发展成为“无模制造”，它实现了加工效果的个性化、自由化和复杂化。

---

① 三维印刷工作原理：三维打印机的电控喷头喷出胶粘剂，喷头在粉末层表面有选择地施加胶粘剂，每粘完一层，便重新铺粉。这样一层层喷撒，最终得到一个凝固的零件模型。

近年来，数字工具的飞速发展给建筑工艺带来了新的活力。尽管建筑数字工艺技术体系还没有成熟，但数字工具给建筑设计理念、建筑设计流程、建造工艺等方面所带来的巨大影响已经初见端倪。

## 3.4 主观要素及其他

建筑不仅是一项古老的物质活动，同时也记载了上千年的文明演进，建筑师在进行建筑活动时除了要充分考虑材料、工具、动力等必要条件的影响，同时也受到社会背景、行业法则以及建筑师个人喜好等主观因素的影响。这些主观影响因素从社会层面提出了大众对于建筑的审美需求，从文化发展层面对建筑活动进行约束，规范了建筑活动的运营秩序，保证了建筑工艺有序的、多样化的发展，激发了建筑师的创造力，是将“技术”与“艺术”整合为有机统一体的动力。

### 3.4.1 社会因素

首先，参与建筑活动者的社会角色决定了对建筑品质的需求。参与建筑活动者可以划分为两种角色，即决策者和执行者。决策者通常是社会生产生活中生产资料的占有者，他们对建筑审美的需求直接关系到建筑品质的优劣。执行者通常是社会生产生活中使用生产资料为决策者提供服务的一方，执行者的工作性质决定了他们通常掌握生产劳动的技术，为决策提供技术依据，进而在操作层面保证建筑品质的实现。随着社会的发展、社会分工的转变，建筑活动参与者在其中的角色也在发生着变化，这种变化对建筑品质产生了潜移默化的影响。

以法国大革命前后的建筑发展为例。在法国大革命之前，无论是希腊的氏族、雅典的民主国家还是神圣罗马帝国的精神领地，各个地区的生产资料总是集中在少数以氏族为单位的集团手中。尽管这些占有大量生产资料的权贵阶层在意识形态上经常会打着民族精神、国家利益的旗号，但本质上讲他们的建筑目的可以用占有资源、标榜财富、享受生活来概括。在他们看来，建筑是他们财富的一部分，是他们所拥有的权力和金钱的代表，是他们个人生活情趣的表现。他们不惜一切代价聘请优秀建筑师为他们服务。由于权贵阶层不是专业工匠，对于建筑工艺知之甚少，因而他们必须依赖建筑师进行建筑活动。为了实现建筑活动的目标，他们赋予建筑师极高的社会地位和神圣的权力。法国大革命结束了封建专制制度,社会资本被分配到以占有资源为目的的利益集团手中。在资本运行中，建筑的决策者不再是某个个体，而是多个具有主流话语权的个体所组成的集合。为了平衡集团利益，建筑活动中决策者的个体需求被极大弱化，转而追求一种实用的、高效的、均等的、平衡的标准化建筑工艺模式，以保证经济规则能够在所谓民主、自由的环境中正常运转。决策者对建筑工艺提出的需求是在保证经济收益前提下塑造建筑品质。在功利主义经济法则的束缚下，一些建筑师仅仅是决策者实现商业目标的工具，他们的一切行为均以收益作为衡量标准，对于工艺技术表达的艺术性探讨越来越少。建筑师的行为在经济利益的驱使下，从虔诚的艺术创作逐渐演变成极端的功能主义与功利性的形式主义建造。

其次，建筑品质受到社会中大众审美的引导。大众审美是一个地区长时间积淀下来的意识形态方面的共性特征。这些特征是地理环境、人文环境、气候环境、生活习惯、宗教信仰、历史事件等因素综合作用的结果，对于工艺技术的表达具有选择作用。客观的工艺技术在文化特征与大众审美的综合作用下，具有了民族精神与地域性特征，避免了工艺表现的趋同性，从而保证了建筑工艺表现的艺术价值。

康德在《论优美感和崇高感》一书中，谈及民族性与审美感受时，曾经将意大利的审美表述为“令人销魂和感人肺腑的”,将法兰西人的审美表述为“开心的和欢乐的”，将英格兰人的审美表述为“高贵的和壮丽的”，将西班牙人的审美表述为“惊恐的”，而德意志人的审美没有法兰西的优美，也没有英格兰的崇高，是一种中间态[85]48-65。审美感受不仅仅是一种人类的先验性感知，同时也会在长时间的聚落式生活中留下民族性特征。这种审美判断的民族性特征促成了各个地区对工艺表现形式的理解和大众对于新技术体系下的工艺表现形式的接受程度。如钢铁刚刚应用于建筑时，保守的英国建筑师主要用钢铁建造高大的花房；浪漫的法国建筑师则用钢铁模仿中世纪纹样和拱券形式；而在德国，钢铁建筑既没有英国水晶宫的宏大，也没有法国新古典主义的浪漫，而是走了一条相对折中的工业表现主义路线，如包豪斯早期设计的住宅，将钢铁构件隐藏在传统建筑饰面背后，在不颠覆传统美学原则的前提下尝试着发挥钢铁材料的力学特征。

第三,国家意志与政策引导着建筑品质的发展方向。“国家是从社会中发生、而又高居于社会之上而且日益离开社会的力量”[86]153。一个国家通常根据本国的经济条件、工业技术情况和未来发展方向制定一些可以表达国家意志的政策，对各行各业的发展进行引导。政策的引导是一个由上至下的具有强制性的意识形态约束机制，它对于各行各业的引导作用都是强有力的，对于建筑行业而言更是如此。

以德国建筑的蜕变过程为例，德国建筑发展的历史性转变开始于19世纪70年代统一的德意志帝国成立之后。1871年，以俾斯麦为代表的容克贵族实现了德意志民族的统一，成立了保守的资本主义国家[87]40。当时，德国的工业整体水平不高，工业产品质量低下。出身于社会底层的产业工人，没有受到过系统的工程技术培训，专业技能不强。新成立的德国与英、法等传统欧洲强国相比，无论在文化方面还是在工业技术方面都百废待兴。为了重塑德国的民族自信心，走出英、法等国家的阴影，俾斯麦将发展工业作为塑造德国民族精神的新途径，大力发展新材料、新技术，改变德国工业产品和建筑的粗制滥造状况。在这种政府决策的导向下，穆特修斯等学者、官员被派往英国学习，他们借鉴了英国工艺美术运动的经验，回国后在政府的支持下成立了一个由工程师、艺术家和建筑师组成的团体——德意志制造联盟，其目的就是“提高工程建设中审美的重要性”[87]53。从联盟成立到第二次世界大战前的26年间，德意志制造联盟平均每两年举办一次设计展览，创办了设计杂志 <Die Form>，积极宣传能够代表工业时代特征的艺术作品和建筑作品。德意志制造联盟的活动集中在德国南部、瑞士、比利时、奥地利等地区。在其作品和建筑思想的感召下，这些地区的建筑逐渐形成了以材料的精心搭配与选择、施工工艺的细腻、建筑细部设计精巧别致等工艺表现形式为核心的审美判断标准，构成了代表工业技术发展的现代主义建筑的雏形。此外，在德意志制造联盟的支持下，还成立了包豪斯工艺技术学校，该校重视工艺技术及其表达的教学理念，被看作现代主义建筑教育的先行军。德意志制造联盟最初的成员、包豪斯学校的教师和学生是早期现代主义建筑思想的建立者和传播者，而这些人中不乏企业家与政治家。在国家政策的大力支持下，德国的建筑业和制造业取得了突飞猛进的成就。20世纪中后期，德国已经形成了做工精巧、适用性强、具有鲜明技术特征的现代建筑工艺表达特征。由此可见，国家意志引导并推动了德国现代建筑的发展，是德国建筑在短短50年的时间里从默默无闻发展成为个性鲜明的高品质建筑代表的主要推动力。

德意志制造联盟创始人名单及其社会身份　　表3-11

| 德意志制造联盟创始人 | 身份 |
| --- | --- |
| 赫尔曼·穆特修斯（Hermann Muthesius） | 普鲁士贸易局工作官员 |
| 亨利·凡德·威尔德（Henry vande Velde ） | 比利时籍设计师 |
| 弗雷得里希·诺曼（Friederich Naumann） | 政治家 |
| 卡尔·施密特（Karl Schmidt） | 德意志工场负责人 |
| 布鲁诺·保罗（Bruno Paul） | 家具设计师 |
| 布鲁诺·陶特（Bruno Taut） | 建筑师 |
| 彼得·贝伦斯（Peter Berenson） | 建筑师，工业设计师 |
| 西奥多·菲舍尔（Theodor Fischer） | 德意志制造联盟主席，建筑师 |
| 约瑟夫·霍夫曼（Josef Hoffmann） | 奥地利建筑大师，家具设计师 |
| 理查德·里曼斯迈德（Richard Riemerschmind） | 建筑师 |
| 亨利希·泰希瑙（Heinrich Tessenow） | 奥地利文学家 |
| 汉斯·珀尔齐希（Hans Poezig） | 建筑师 |

人名资料来源：李蕙蓁，谢统腾．德意志制造．北京：生活·读书·新知三联书店，2009:37-50.

### 3.4.2　行业因素

中世纪末期，为了与不断涌入城市的逃亡农奴竞争，并最终维护已有利益、保护辛苦学来的手工技艺，各行各业手工艺人联合起来成立了行会[18]29。不断完善的行会制度，逐渐形成了各行各业对于职业精神与职业素质的要求和行业内部的运营机制。职业精神、职业素质以及行业内部的运营机制必然对建筑品质的塑造起到了不可忽视的引导与督促作用。

建筑品质评判的基本原则以同一时代同一技术体系下建筑师、建筑工匠所能够实现的建筑工艺技术的极致表现作为参照系，越接近者品质越高。在现代意义上的行业协会出现之前，建筑师的职业精神一方面是工匠保证行业优势的自律性工作态度，另一方面出于工匠对业主的畏惧。手工艺时期，工匠的行业优势主要表现在工艺技法的娴熟、经验的丰富以及建造过程中的细致与认真程度。以中国传统工匠为例，从“鲁班”到“李春”再到清代的“梁九”、“样式雷”，历代工匠中凡具有伟大成就者，无不以勤勉、谨慎、认真的工作态度闻名于世[47]。柳宗元所做的《梓人传》中曾经提到：“画宫于堵，盈尺而曲尽其制，计其毫厘而构大厦无进退焉”[83]115。现代意义上的行业协会形成之后，为了行业的发展，建筑师总结前人的经验，提出了一系列职业建筑师需要具备的行业规则。国际建筑师协会组织将这些行业规则中的基础部分编写成《国际建筑师协会关于建筑实践中职业主义的推荐国际标准认同书》(以下简称《认同书》)[88]10。认同书中将现代建筑师所需要具备的基本职业精神概括为“专长、自主、奉献、负责”四个方面。与此同时，国际建筑师协会组织在《认同书》书中明确描述了建筑师从事实践工作的11条基本要求。其中前三条均是对于建筑师“技”“艺”并重的职业素养的要求[88]27：

第一，建筑师应能够创作可兼顾美学和技术要求的建筑设计。

第二，建筑师应该具备足够的关于建筑学历史和理论、相关艺术与技术以及相关自然与人文科学等方面的知识。

第三，建筑师必须具备与建筑设计质量有关的美学知识。

由此可见，建筑的行业特征要求实践建筑师既具备专业技术能力又要有良好的文化艺术修养，这种技术和艺术并重的职业素质要求并不是对于单一加工工艺、工程方法的熟练掌握，而是建筑师对于建筑相关行业工作原理、技术可达到的工艺水平等的宏观把握，以及对于这些技术拓展原理的理解、综合应用和创造性地表达的能力。

除职业精神、职业素养外，行业运营机制也影响着建筑品质的塑造。建筑作为一种物质性生产劳动，其行业运营机制自古至今围绕着两条轴线展开：其一是“材料—建筑”的工艺轴；其二是“利润—发展”的经营轴。在手工艺时代建筑行业的运营模式以家庭式生产劳作为主，工艺轴与经营轴的工作都集中在建筑师身上，运营模式简单，与其他行业之间的联系较弱。在这种情况下，建筑师个人的工作能力大体上决定了建筑品质的高低，一旦建筑师丧失了工艺技能方面的优势，其建筑呈现出来的工艺表现形式就很难获得大众的广泛认同。这种简单的运营模式随着建筑规模的扩大逐渐发生了分化，建筑活动中的执行者划分成为建筑师和工匠两类人群，建筑师主要负责与建筑整体效果相关的设计、工艺操作以及沟通交流工作，工匠主要负责简单的粗加工劳动。在这种情况下建筑师与工匠的工作目的发生了微妙的变化，建筑师更关注建筑的效果及其带来的远景利益，而工匠更多地是为了切实的利润而工作。当建筑师与工匠目标一致时，能够形成一种扩大化的生产力，推动建筑品质的提升。然而，当两者目标相悖时，则产生了技术与艺术的彻底割裂。在从手工工艺转向机械工艺的过程中，正是出现了工艺轴上的悖向运动，导致了建筑品质的暂时下降。进入机械工业时代后，随着市场运营制度的完善、各行业内部机制的健全、专业技能的日趋复杂，建筑行业内部发生了专业分工细化及行业分离。建筑师的工作进一步细分为建筑设计和建筑相关的产品研发，因而出现了负责材料开发和产品设计的材料科学家。而工匠进一步细分为负责建造活动的承包商和负责相关产品生产的产品工程师。上述各个职业集群都有自己专业的技术团队和组织机构，在各自行业内，他们围绕着行业远景和利润进行生产工作。而各行业之间则以产业链的模式保持着密切的联系，保证工艺轴上相关工作的顺利进行。在这种情况下，建筑品质已经不是建筑师一个人所能够控制的工艺表现，每一个环节都可能影响到建筑品质的塑造。

### 3.4.3 个人喜好

建筑活动具有艺术创作的主观性与偶然性。建筑并不是一个单向的、精准的数理推导过程，而是在满足特定的功能要求、技术要求的基础上，自由发挥建筑师的想象力与创造力进行创作的过程。在这一过程中，建筑师的个人能力、文化背景、审美情趣、成长环境等等因素都会影响到其对于工艺的选择与应用，进而呈现出不同的工艺表达方式。这种个人因素的影响存在于每一个建筑活动中，其作用方式、影响结果又存在着极大的差异性和偶然性。由于个人因素的偶然性，这里无法从一个普遍的规律入手对其进行分析，仅以西班牙建筑师高迪为例，分析他的个人兴趣、生活经历对于他所从事的建筑活动的影响。

安东尼·高迪（Antoni Gaudi），西班牙建筑师，他生于加泰罗尼亚民族聚居的小镇——雷乌斯，父亲、祖父都是铜匠。他们曾经希望高迪能够子承父业，所以从小就对他进行了制作铜器、铜制家具等工艺技术的训练。高迪也因为这种家族手艺的影响，对于复杂的曲线、弧面和巴洛克风格的繁琐华贵十分熟悉，对于塑造复杂的、华丽的形体所需要的高超工艺更是了如指掌，这为他后来设计圣家族教堂、米拉公寓等一批形式扭曲怪诞的建筑奠定了最初的技术自信。在他看来，工艺是无所不能及的，因而他的设计思想不会禁锢于某种工艺法则之内，而是充满了奇思妙想。

高迪对于自然形式，如树叶、藤蔓植物等，有一种天生的热爱，他很小的时候就表现出极强的模仿自然界形态的能力。他喜欢观察植物，然后模仿他们枝茎的生长原理进行绘画。他认为大自然的产物是合理的、完美的、神圣的，是世界上最优美的形态。这激发了他的建筑创作灵感，他在后来的建筑创作中不仅模仿植物生长的方式设计了圣家族教堂的结构体系，甚至直接将植物符号应用在装饰性的雕塑上，塑造了他作品的独特风格。

此外，高迪本人对加泰罗尼亚民族的深厚情感使得他更能深刻地理解民族文化的宝贵。高迪青年时期参加了加泰罗尼亚民族救亡运动，是加泰罗尼亚地区地方联盟的中坚力量。1924 年 9 月 11 日，当时的西班牙统治者为了彻底切断加泰罗尼亚文化，关闭了巴塞罗那教堂。这一行为使高迪深刻地感受到了丧失民族文化的屈辱和悲愤，进而在他的心里埋下了重塑加泰罗尼亚文化的种子。深厚的民族感情和出众的设计才华使得高迪的作品有一种震撼心灵的表现力。

家庭背景、个人兴趣、民族情感在高迪身上汇聚一起，并形成了个性鲜明的设计风格、取之不竭的设计灵感和执着坚定的工作作风，高迪的才能、情感以及建筑追求在圣家族教堂项目中得到了充分的发挥。1885 年，高迪受到教会委托为加泰罗尼亚民族修建自己的教堂。1914 年开始，他不再接受新的建筑设计工作，以全部精力投入圣家族教堂的设计中。由于资金短缺，圣家族教堂不得不边设计、边施工、边筹钱。高迪为了能够随时解决施工问题，索性住到了工地旁边的办公室。高迪设计的圣家族教堂如植物一般从泥土中生长出来，扭曲的线条、荒诞的造型给观者带来无限的想象，仿佛低吟着隐隐的畏惧与悲伤。圣家族教堂将高迪的民族情感和建筑理念准确无误地转译成了建筑语言传递给后人。

从高迪的案例可以看出，建筑师的个人技能、喜好及成长背景在建筑创作以及建造中发挥着隐性的但却不可忽视的作用，是建筑既具有较高工艺水平又具有鲜明个性的主要原因。

总而言之，建筑品质是一个复杂的、多属性、多相关性的审美判断问题。建筑品质的提升也绝非单纯的技术进步、精工细作、职业能力提升、政策环境改善所能够实现的。建筑师需要从多方面进行努力，综合考虑建筑项目的相关影响因素，去粗取精，使各方面要素协同工作，最终实现整体效果的高品质。

# 第 4 章　建筑品质的表达

判断经验是对已有事物的认知感受，它的使动者是观看建筑的人，受动者是建筑物。观者对于建筑进行审美判断的过程是一个复杂的知觉过程。人们在认识中，求助于某些先前形成的图式或者依赖某些细节或细节的安排构成了认出某物的线索。而这些先前的图示、细节正是工艺所要表达的内容，这些内容引起了观者的共鸣，进而产生了审美判断。

## 4.1　材料表达

材料是建筑工艺经验的对象，材料呈现是满足建筑品质评判者普遍性审美需求——真实性的基本环节。真实性的材料呈现表达了两部分内容：自然属性与加工建造方式。

### 4.1.1　自然属性

建筑材料可以分为两类，一类是自手工艺时期就已经出现的自然材料；另一类是工业革命之后逐渐发展起来的人工材料。两类材料所表达的自然属性略有不同。

手工艺时期，受到运输工具、动力条件的局限，建筑材料基本上是从自然资源中直接获得，如石材、木材、竹子、黏土等等。建筑师根据建筑基地周围的气候条件和资源分布就近取材，选择适合建造的材料。工艺表现以材料固有的颜色、质感、形状为基本内容，如非洲地区用捆扎成束的芦草作为建筑结构骨架、南亚地区用竹子搭建房屋、干旱的沙漠地区用黏土和干草砌筑墙体等。

由于各地区之间自然资源的差异，使得工艺表现具有了不同的地域性特征。以古希腊建筑的材料选择为例，中生代早期，古地中海即特提斯温海水中堆积的厚层灰岩沉积物在非洲板块向欧洲板块运动时，结晶形成杂质较少的浅层石灰岩，这些石灰岩再结晶成大理石，因为未遭受强烈地质运动的影响，该地区的大理石块整、质地均匀、易于开采和加工，为该地区的建筑工艺表现提供了优秀的自然材料。同时，由于该地区的大理石色泽洁白、质地细腻、不易风化、硬度不高，为雕刻、打磨等工艺技法的实施提供了物质前提，进而形成了古希腊建筑和雕塑飘逸、高雅、细腻的表达特征。

工业革命之后，建筑材料大规模工业化生产，钢材、玻璃、混凝土等人工材料广泛应用于建筑活动。19 世纪末，焦炭和蒸汽机改变了传统的炼铁技术，转炉炼钢和平炉炼钢两项专利的发明提高了钢材产量，1870 年至 1900 年，全世界钢材产量从 510kt 跃升至 27830kt，钢材代替木材广泛地应用到建筑、军事、工业制造等领域。1824 年，英国的阿斯普丁取得了波特兰水泥（Portland Cement）专利，20 世纪初混凝土强度的理论建立，1928 年法国弗莱西奈（Eugene Freyssinet）提出了以静力学原理为基础的预应力混凝土结构设计方法。1952 年英国皮尔金顿（Pilkington Brothers Ltd.）公司开始进行漂浮法制造玻璃的试验，并在 1959 年使用漂浮法技术制造出大面积、廉价的平板玻璃，促成了玻璃建筑的兴起。

钢、玻璃、混凝土等工业生产在建筑中的大量应用使得建筑师和工程师寻材、选材、采材的工作逐渐减少，更多的是从建筑的表现形式和结构功能提出对材料属性的要求，材料表达的重点从自身基本属性的呈现发展成为对整体视觉效果的追求和对于视觉效果象征意义的讨论。如用钛金属绸缎般的柔滑质感表达流动性，用混凝土的清冷表达静谧等，建筑师希望通过不同的建筑选材赋予建筑不同的性格。

以日本建筑师妹岛和世设计的东京表参道迪奥店和德国艾森管理与设计学院（Zollverein School of Management and Design）为例，如图 4-1 所示，两个建筑在形体上均为简洁的立方体，东京表参道迪奥店的设计选用了磨砂玻璃表皮，赋予建筑以梦幻鬼魅的柔美，而后者则通过素混凝土营造了冰冷、严肃、工业气息十足的建筑氛围。

随着材料科学的不断进步，当今建筑材料的选择受到稳定性和功能性因素的制约越来越小，对建筑的视觉表现、建筑个性的表达及其与环境的协调要求

图 4-1　东京表参道 Dior 靓旗店（左）和德国艾森管理与设计学院（右）

越来越严格，材料表达的内容越来越关注艺术性。

4.1.2　加工建造

材料加工建造工艺的表达通过两个过程完成：首先是从材料到建筑材料的加工过程；其次是从建筑材料到建筑的建造过程。

（1）“材料—建筑材料”的过程

材料加工过程是通过工具与材料的相对运动使材料获得适宜的形状、体量和表观质感的过程。这一过程在手工业时期的建造中多数由建筑工匠完成，是建筑工艺的基础环节。如石材加工，首先通过劈、截等工艺将自然材料进行分块；然后再用凿子、扁子等工具修形；最后进行打道磨光。不同的工具、不同的工艺流程能够带来同一材料的不同表现方式。如图 4-2，第一张图是石材经过表面打道处理后应用于建筑中，呈现出了均匀平整的形式特征；第二张图是石材经过截裁、扁光处理后应用于建筑中，呈现出了粗犷厚重的形式特征；第三张图是石材经过表面雕刻后应用于建筑中，呈现出规整、严谨的形式特征；第四张是石材经过简单的磨平处理后应用于建筑中，呈现出自然古朴的形式特征。

石材表面打道工艺　石材截裁、扁光工艺　石材表面雕刻磨光工艺　石材自然形表面磨平工艺

图 4-2　石材加工工艺及工艺表现

进入机械工业时代之后，许多建筑材料经由工业生产加工而成，材料厂家的工程师从更科学、更专业的角度提供了材料加工的多种可能性。例如，玻璃原材料经处理、由漂浮法制成平板，在此基础上玻璃生产厂家根据建筑的隔热、安全、装饰等要求经过二次加工生产出具有复合功能的玻璃构件。其中，二次加工生产的彩色玻璃、磨砂玻璃、镀膜玻璃、空腔玻璃等等成为玻璃建筑工艺表达的主要内容。

虽然从材料到建筑材料的加工过程并不是建筑师工作的核心环节，特别是在机械工业时代，建筑师基本不再参与到建筑材料加工过程中。但是，如果没有对材料加工过程的了解，很难从工艺发展层面发掘材料的表现力，许多美好的构想无法真正落实到技术层面。

（2）“建筑材料—建筑”的过程

从建筑材料到建筑的过程是建筑工艺经验过程中最主要的部分，即建造工艺。建造工艺主要环节是工法和连接。连接侧重于构造的技术性处理，而工法则侧重于构造的艺术性处理。除了满足功能性要求外，工法与装饰又构成了建筑工艺表达的另一个主要方面，这部分内容将在下一节中详细论述，本节内容以建造过程中的技术性连接为主。

在手工艺时代，工匠将从自然界获得的建筑材料通过构造设计巧妙地组织在一起，形成建筑雏形。连接工艺通常可以分为隐性的连接和显性的连接两种。

隐性连接通常是指构造构件隐藏在建筑内部。建筑工匠采用隐性连接来强调材料的纯粹性和建筑形体的完整性。如图 4-3 所示为雅典卫城帕提农神庙的石材连接工艺。“Z”字形和“I”字形的铁件铆接在石块中间，既满足了固定

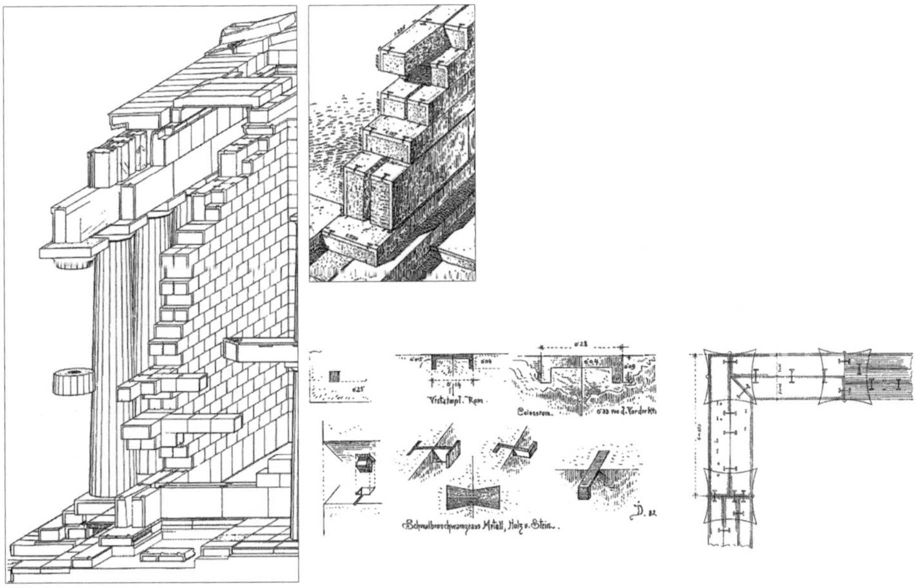

图 4-3 帕提农神庙石材连接构造复原图 [46]59

石材的安全性需求，又在工艺表现中保证了帕提农神庙白色大理石墙面的整齐纯净 [46]59。

显性连接是材料本身既具有表现特征又具有功能特征的一种构造方法。显性连接最具代表性的案例是木构建筑工艺中的斗栱。以中国传统建筑清式做法中的单翘单昂斗栱为例。斗栱由下至上依次由坐斗、翘、斗、栱、昂等部件组成。每个部件在其中都有承担特定的结构功能和有固定的安装位置 [47]562（具体构造方式见图 4-4），整个斗栱置于屋顶与柱子的连接处，既起到了将屋架重量向下传递的作用，同时连接逻辑本身也构成了建筑的装饰性表达。

值得关注的是，在基本结构或使用功能得以保障的前提下，工匠的表现欲望会驱动显性连接向装饰构件发展，如清末中国古建筑中的斗栱中许多构件只是起到装饰作用而不具有结构意义，尽管这种过犹不及的趋势并不是高品质建筑工艺的必要性表现，但是却是工艺发展中普遍存在的问题。

工业革命后，由于材料加工与建造之间的脱节，材料基本属性的表达逐渐隐匿在材料所构成的空间形式与建筑形体背后。直到 20 世纪初期，荷兰建筑师贝尔拉格（Hendrik Petrus Berlage）重新将这种基于建造工艺的材料表达作为建筑理论与建筑教学的核心内容进行研究，并在“材料—建造”的表达逻辑基础上，从现象学和人类学角度来理解材料存在的意义，思考着“砖想成为什

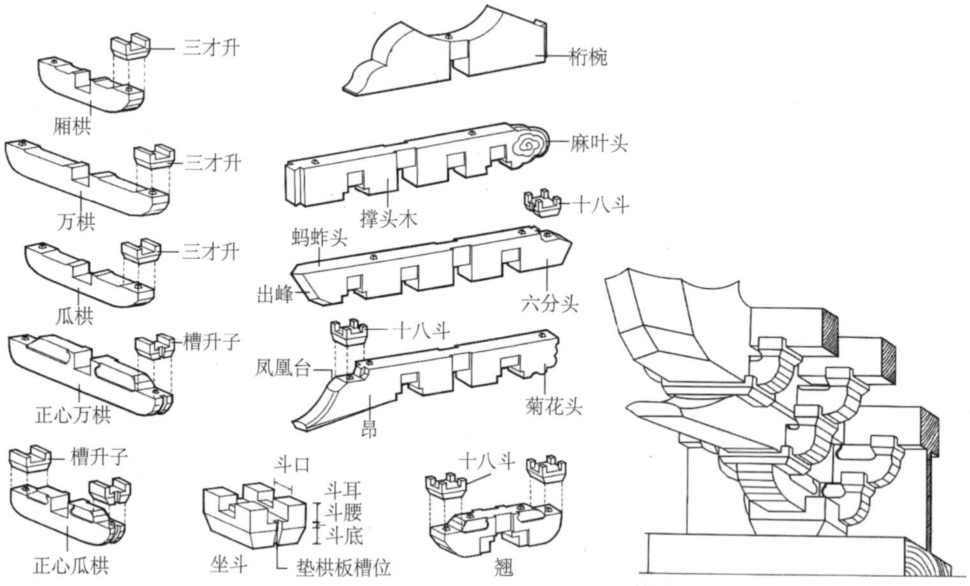


图 4-4 单翘单昂斗栱构造图示 [47]562

么”① 的问题。芬兰建筑师尤哈尼·帕拉斯玛（Juban Pallasmaa）将这种建筑材料的话语转换描述为“第二现代主义”：“第一现代主义渴望那种非物质的、轻的建筑形象的创造，而第二现代主义则频繁表达重力以及稳定性，表达建筑的物质性及其与大地的联系……新现代主义通过物质（材料）、记忆和隐喻来寻求一种对时间的体验”[48]212。在这种思想的影响下，每一种材料对建筑师而言都拥有自己独特的意义：石头记录着久远的地质起源；砖表达了重力规则下的建造传统；青铜锈痕记录着手工浇铸的程序和时间的流逝；木材传达着自然生命和器物生命的两种状态。

## 4.2 工法表达

工法是对于单一项目而言具有艺术表现力的工艺技巧。工法不仅有助于材料真实性的塑造，同时也是建筑崇高感的直接来源。本节将从工法所表现出的技术特征、力学规则、装饰纹样几个方面进行论述。

① 路易斯·康在宾夕法尼亚大学授课时与材料的对话。“建筑师对砖说：‘砖，你想成为什么？’砖说：‘我喜欢拱’。建筑师对砖说：‘你看，我也想要拱，但是拱很贵，我可以在你的上面，在洞口的上面做一个混凝土过梁。’然后建筑师接着说：‘砖，你觉得怎么样？’砖说：‘我喜欢拱’。”路易斯·康借此来说明建筑师必须尊重材料，让材料发挥最大的用处。

### 4.2.1　技术特征

技术发展及各阶段特征　　表4-1

| 特征 | 原始工程技术 | 近代工程技术 | | |
|---|---|---|---|---|
| 阶段 | 原始工程技术 | 第一阶段 | 第二阶段 | 第三阶段 |
| 时期 | 17 世纪以前 | 17 世纪 ~ 第一次工业革命 | 第一次工业革命 ~ 二战前 | 二战结束至今 |
| 对象 | 自然物质 | 自然物质 | 自然物质、信息 | 自然物质、信息、生物、太空 |
| 工具 | 简单手工工具 | 机械工具 | 机械工具、电子设备 | 机械工具、电子设备、计算机 |
| 动力 | 自然能源 | 热能 | 热能、电能、化学能 | 电能、化学能、生物能、核能 |
| 技术 | 手工工具 | 蒸汽机 | 通信设备、机床 | 计算机 |

资料来源：欧阳莹之 . 工程学——无尽的前沿 . 李啸虎，吴新忠，闫宏秀等译 . 1 版 . 上海：上海译文出版社，2008:25.

从工程学角度讲，技术发展经历了四个阶段：原始工程技术阶段、近代工程技术初期阶段、近代工程技术中期阶段、当代工程技术发展阶段[49]25。每一个阶段的工具、动力、生产对象等都发生了翻天覆地的变化，这些变化都带来了建筑工法的调整，因而工法能够反映出其所处时代的技术特征。

以石材为例，自然石材是一种古老材料，在建筑创作中代表着永恒、久远、坚毅。手工艺时期，受到加工工具和加工动力的限制，石构建筑工艺常采用整石点凿的加工方式，工匠用尖锐的工具——锥子、刻刀、凿子等，在石面上留下了各不相同，但又没有任何意义的“点”的痕迹，从而突出了石材固有的自然肌理。尽管对于具体的石材类型，选用的加工工具不同，形成的形象特征也有细微差别，如花岗岩质地坚硬，细加工困难，通常只做简单打道便直接砌筑；大理石质地柔软、细腻，可对其进行磨光处理，但是工匠们用简单的手工工具在人力控制下对石材进行加工得到的成料的尺寸、形式和质感具有规模小、自由度大、个性强的手工工艺特征。

进入机械工业时代之后，高速运动的机床、平稳的动力以及高精度的刀具等技术条件齐备，石材的加工工法由传统的点凿法发展为剖切、磨光、板材加工等方法。机械化设备加工的石材成料可以实现手工雕琢所不能够达到的平直、光滑、轻薄。密斯・凡德罗在巴塞罗那德国馆的项目中，巧妙地利用了石材机械加工工法的表现特征，将饰面大理石横剖对拼，形成石材自然肌理的景象效果，表现出了人工与自然的对峙与共存，形成了别具一格的工艺表现特征，成为当时高品质建筑的典型代表。

随着计算机技术的应用与普及，先进制造技术特别是数字机床逐渐应用到建筑材料的加工中。数字机床可以满足复杂曲面的加工要求，形成曲面石材单元，从而体现出数字技术时代的工艺表现特征。

手工艺时期石材加工的工艺表现　　机械工艺时期石材加工的工艺表现　　数字技术时期石材加工的工艺表现

图 4-5　不同技术体系下石材加工的工艺表现特征

当然，在特定的科学和技术发展水平下，工法所表现出的技术特征并不是绝对的，而是相对于建筑师对材料属性和技术原理的理解和掌握程度而言，其表现出的技术特征是不断变化的。如混凝土最初作为石材的替代品应用于建筑中，建筑师更加看重的是它的防火属性，而没有仔细观察这种材料的表观特征。因而，早期的混凝土建筑都是以涂料或面砖作为外饰面。直到日本关东大地震后，混凝土建筑外饰面脱落伤人，建筑师开始考虑如何直接应用混凝土作为饰面材料。1924 年，捷克籍建筑师安东尼·雷蒙德（Raymond Anthony）采用清水混凝土方式建造了自宅，进行了最早的清水混凝土实践。建筑表面没有任何涂料装饰，而是用凿子凿平壁面，展示了一种特殊的材料质感[50]189。随后，混凝土所具备的独特的清雅、肃静的表现力（图 4-6）才开始被广大建筑师所关注。当今，清水混凝土工艺已经成为了一个产业链，它表现出来的不单单是混凝土本身的属性，同时还有模板技术、保护剂技术、节点技术的相关特征，是一种极具表现力的工艺方法。

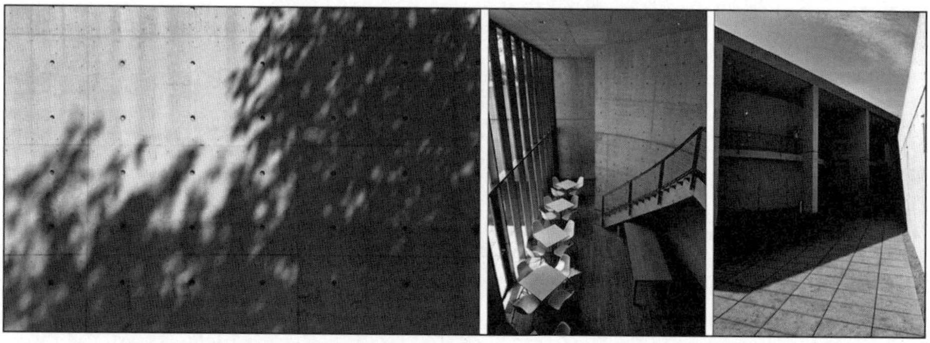

图 4-6　清水混凝土的建筑表达（图片来源：重庆大学建筑城规学院褚冬竹提供）

### 4.2.2　力学规则

建筑是在重力体系约束下进行的物质活动，材料的力学属性与其抵抗重力的合理状态形成了建筑的结构体系。高品质建筑必须要以简洁、实用的工法直接反映力学传递的规则。这种工法需要综合考虑地质条件、材料属性、建筑规模等因素，是材料最合理的组织方式。

砖的砌筑工法是最具表现力的力学规则呈现。砖通常是由黏土经制胚、晒干或者烧窑制成。砖的尺寸小，抗压性能好、抗拉性能弱，最适宜的建造方式为堆砌。堆砌的砖，逐层向内倾斜、在顶部交接在一起形成了拱。经 17 世纪 60 年代工程师胡克的石拱受力模型论证，拱是砖最恰当的组合方式，它解决了石构梁柱体系跨度狭窄的问题。鉴于古代工匠对单元组合方式及运动方式的感官认识，拱券衍生出三种结构形式：单拱沿水平方向延展开，构成筒拱，多用于城市市政设施；多架拱券依次相连，构成多架拱，最著名的建筑实例是罗马大斗兽场；单拱绕中心轴旋转 360°，构成穹窿，典型的建筑案例为罗马万神庙。这些拱券结构随着建造技术的发展不断被改进，同时结合地域性材料、气候的特征，还衍生出很多次生结构形态，如帆拱、肋拱券以及复合拱券等等[51]159，如图 4-7 所示。拱券结构直观地表达了砖构建筑的力学传递方式，是砖的受力性质在建筑工艺中最合理的表达。

筒拱
$A=\dfrac{B}{2\sim12}$
$A: Z = 4\sim12$

十字拱
$Z=\dfrac{B}{2\sim12}$
$Y=\dfrac{A}{2\sim12}$

复合拱
$Z=\dfrac{A\ or\ B}{2\sim12}$

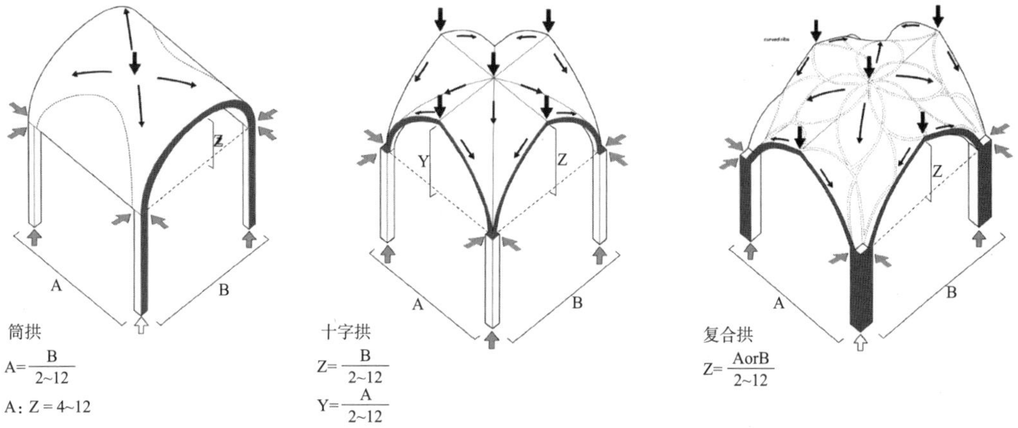

图 4-7　砖石砌筑的结构特征示意图[51]159

在手工艺时代，最能够反映力学原则的建筑类型是哥特教堂。哥特教堂的飞扶壁是一种用来分担主墙体压力的辅助墙体，是哥特教堂的主要特征之一。哥特式建筑在砖石砌筑拱券的工法基础上，将非承重部分的墙体掏空，形成露在外面的骨架式结构，即飞扶壁。飞扶壁可以使建筑所受到的风荷载和自重沿拱架向下传递，再通过底部增加拱壁厚度或加设廊道的方式抵挡侧推力。飞扶壁是砖石砌筑工法与建筑结构最完美的结合，它本身的优美形态和雕塑增加了建筑外观的观赏性，它保证了建筑内部空间的高耸，解决了建筑侧墙采光的问题，营造了舒适明亮的室内光环境。哥特式教堂因其工法、材料、结构的完美结合成为建筑历史上最为辉煌的建筑类型。

当然，随着人类科学技术的发展，与静力学和材料力学的不断发展，因而工艺所呈现出的力学特征通常表现出不同的形式。特别是机械工业时代，人工材料、复合材料的出现使工法所表现的力学规则更加清晰、明确。以混凝土为例，最早的原始混凝土在罗马万神庙的建造中作为填充物使用。然而，对混凝土结构形式的研究与建筑表达则是开始于 1800 年之后。以佩雷为代表的欧洲建筑师认为混凝土结构是柏拉图主义与结构理性主义的完美结合，混凝土框架本身作为建筑基本构型表现了结构体系与围护体系，并逐渐发展成为现代主义建筑的基本原型——多米诺体系。后来，佩雷又发现混凝土材料最大的结构特性不是框架体系，而是遵循重力力场分布的塑性形体，于是他尝试着利用混凝土建构大型拱壳结构，以保证该材料的力学特征得到充分发挥。佩雷的这一思想在奈尔维设计罗马小体育宫中得到了充分的展示，交错编织的混凝土肋梁像倒置的竹篮，沿混凝土板的受力方向伸展，建筑自重通过肋梁传递到地面。整个结构既充分展现了混凝土的受力特征，同时又具有极高的观赏性。

在建筑发展的历史沿革中，建筑工法的每一点改变，都反映了工艺与重力相对抗的不同方式，正如大英百科全书所言“建筑历史就是人类通过不同的建筑工艺解决结构问题的历史”。在每一个时代、每一种技术体系下，高品质的建筑必然是其所处环境中人类通过工法来实现材料的合理利用与极致的工艺表达。

### 4.2.3 装饰样式

工法最具艺术特征的表现方式是与装饰样式相结合。

18 世纪之前，建筑装饰与建筑本体的建造工艺是分离的，以壁画、雕塑为主，单独构成手工艺时代建筑工艺的主要部分。这些装饰样式以具象的人物、动物、花草形象为主，以此传递建筑的象征意义，见图 4-8。

随着机械文明的来临，建筑工艺方法以及相应的装饰样式都发生了巨大变化。一方面，装饰工艺在建筑工艺技术体系中的地位受到质疑，以法国建筑师

图 4-8　佛罗伦萨主教堂的装饰雕塑与壁画

让·古拉-路易·迪朗( Jean. Nicolas. I. Durand )为代表的功能主义建筑师认为“建筑唯一的目标是找到‘最合适、最为经济的布置’”[16]201。另一方面，一些建筑师将“装饰”转译为平面象征，代表人物是路易·安布鲁瓦兹·迪比（Louis Ambroise Dubut ),他认为:“一座建筑物的外部装饰并不依赖于对‘格调’或‘个性’的考虑，而是在于平面的布置和所用材料的特征”[16]78。建筑装饰工艺开始从实用性技法转向形式主义，其中最具讽刺意义的建筑是列柱设计的形状类似于男性生殖器的妓院平面图。

圣日内维耶图书馆，古典主义装饰　　巴黎地铁入口，工艺美术运动的装饰　　维也纳分离派的装饰

图 4-9　现代主义之后装饰的演进[142]

随着工业革命影响的深入，建筑师对于建筑装饰的关注从形式意义转向了先进技术和人工材料带来的新的建筑形式。例如，法国建筑师亨利·拉布鲁斯特（Henri Labrouste）利用钢铁材料模仿传统装饰样式设计了圣日内维耶图书馆。尽管同一时期的路斯高亢地喊出了那句闻名世界口号“装饰就是罪恶”，然而它并没有成为装饰的终结，相反它引起了建筑师对于现代工业技术体系下装饰适宜性问题的广泛关注，建筑的装饰从古典式的纹样中逐渐脱离出来。特别是在包豪斯工艺美术学校之后，建筑的装饰从附属性的工艺逐渐转变为精致的构造节点，装饰纹样在形式美的基础上融入了功能特征。

20 世纪 80 年代起，表皮建筑的兴起拓展了装饰的意义，装饰与建筑工艺体系有机地融合在一起，成为具有艺术价值的工艺表现。这种工艺表现时而为色彩肌理的梦幻多变，时而为形体的扭曲舞动。

由此可见，装饰样式自古至今都是建筑工法表现的主要内容。在历代建筑工艺中，具有装饰性作用的工法最为关注的两个核心问题是比例和纹样。

（1）比例关系

比例是建筑装饰最基本的数理特征，无论是西方还是中国传统建筑工法都对装饰构件的比例有严格的要求。在中国，传统的木构建筑中材分制作为建筑工艺的基本原则贯穿始终，正如宋《营造法式》中记载“凡屋宇之高深，各物之长短，曲直举折之势，规矩绳墨之宜，皆以所用材之分以为制度焉”[52]10。在西方，有学者认为建筑比例来源于对人体比例的模仿，也有学者认为建筑比例是可获得建筑材料尺寸的有序组合。笔者观点与后者相同，在建造过程中工匠们根据原材料和加工规模来确定模数单元的尺寸，在此基础上对各部分装饰构件进行成比例的细分。

以古希腊建筑为例，如图 4-10 所示，在当时的技术水平下，可开采到的、且可以用人畜进行搬运提升的石材长度约为 3~6m，这是神庙比例划分的最基本

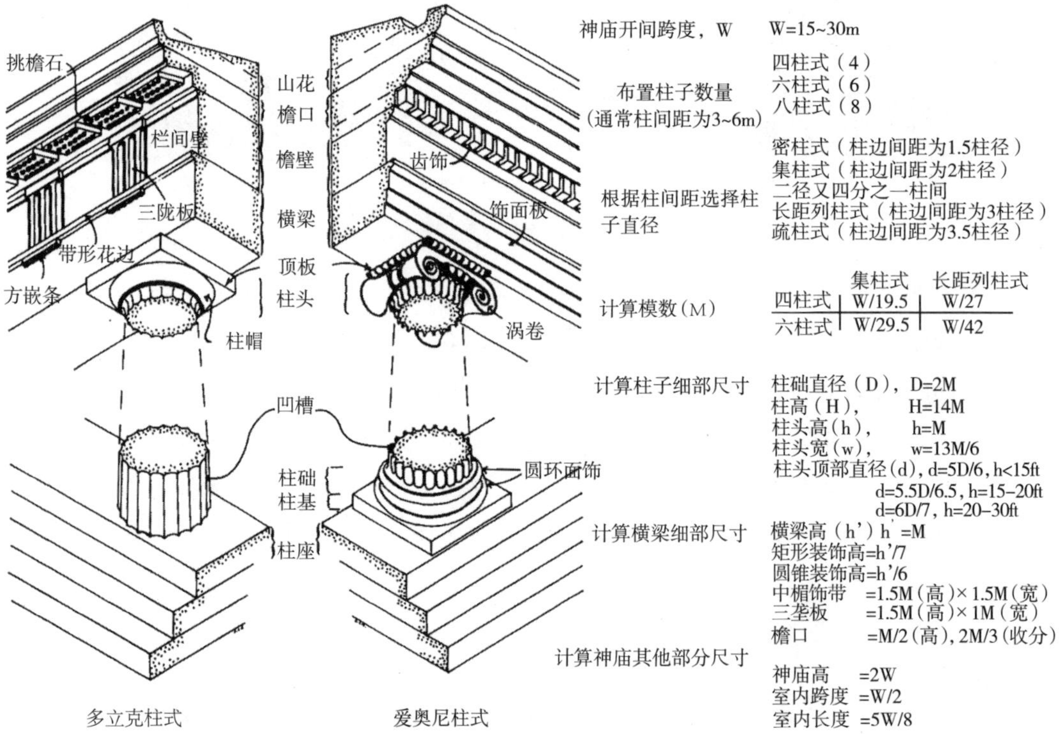


图 4-10 帕提农神庙比例尺度示意图 [32]59

模数依据。建筑师以这些石材可加工成的柱子直径作为模数（M），对建筑形体而言，密柱式的柱边间距为 1.5 倍柱径（1.5M），而集柱式的柱边间距为 2 倍柱径（2M），神庙规模通常为四柱式、六柱式、八柱式，这就决定了神庙的开间跨度（W）通常为 15M~30M。在此基础上，建筑师根据经验确定了神庙的高度为 2W，神庙的室内跨度为 W/2，神庙的长度为 5W/8[32]59。对于建筑的细部尺寸而言，同样存在严谨的比例关系，例如柱础直径为 2M，柱高为 14M，柱头高为 M，柱头宽为 13M/6，等等。建立在统一模数基础上的建筑工艺表现具有清晰的数理逻辑，呈现出良好的秩序感，而这种感觉正是人对美的最初认识。

除了上述宏观的形体控制之外，作为古典建筑主要标志的柱式同样符合比例规律。以多立克柱式为例，通常柱式中出现的线脚有扁突横线脚、檐顶板、凸圆线脚、串珠饰、沟槽、波形线脚、喉头线脚几种，它们按照一定的比例关系组合在一起，如表 4-2 所示。柱式各个部分比例通常以三陇板的条纹间距（对于希腊古典柱式而言，三陇板的宽度为柱间距的 1/7，条纹宽度为三陇板宽度的 1/6）为模数（M），扁突横线脚的高度为 1.25M，檐顶板的高度为 3.5M，凸圆线脚的高度为 4M、串珠饰的高度为 8M、沟槽的高度为 4.67M、波形线脚的高度为 5M、喉头线脚的高度为 9M[53]17。这样一栋建筑的主要构件与宏观形式都严谨地统一在一套比例尺度体系内，进而保证了建筑工艺表现在视觉上的协调。

**柱式细部比例示意图**　　　　**表4-2**

| 线脚 | 图样 | 描述 | 图示 |
|---|---|---|---|
| A 扁突横线脚 | 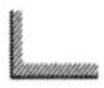 | 类似于薄饰带 /L 形轮廓 | 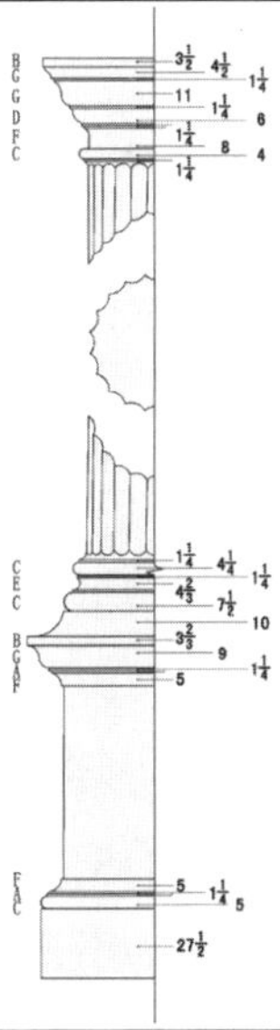 |
| B 檐顶板 |  | 特别明显的扁突横线脚 | |
| C 凸圆线脚 |  | 小的圆凸形装饰线脚 | |
| D 串珠饰 |  | 轮廓为字母 L 压在 C 之上 | |
| E 沟槽 |  | 串珠饰圆凸形与 L 形之间的凹槽 | |
| F 波形线脚 |  | 轮廓为 L 形置于曲线之上。 | |
| G 喉头线脚 |  | 轮廓类似于男人的喉头部位的一种装饰线脚 | |

资料来源：Andrea Paladio. The Four Books of Architecture. New York: Dover Publications, 1965:17.

随着工业时代的到来，机械工艺技术体系下，材料基本属性对于建造尺度的束缚越来越弱，建筑的比例关系开始从以物为基础的“材分制”过渡到以“人体模度”和机械制造尺寸为主的现代比例关系。机械工业时代最重要的“比例”研究是勒·柯布西耶的人体模度，如图 4-11 所示。他根据人体尺度、古典建筑测量数据、黄金比例制定了一套以“113cm、70cm、43cm”为基本测量单位，以斐波那契数列为递增规则的模度标尺，希望能够将现代工业的标准测量单位“米”与古典测量单位“英尺”所控制的视觉效果统一起来[54]29。柯布西耶后来进行的一系列现代主义建筑实践，如萨伏伊别墅、马赛公寓等等，都是在这一比例模度控制下进行设计与建造的[54]39,192。

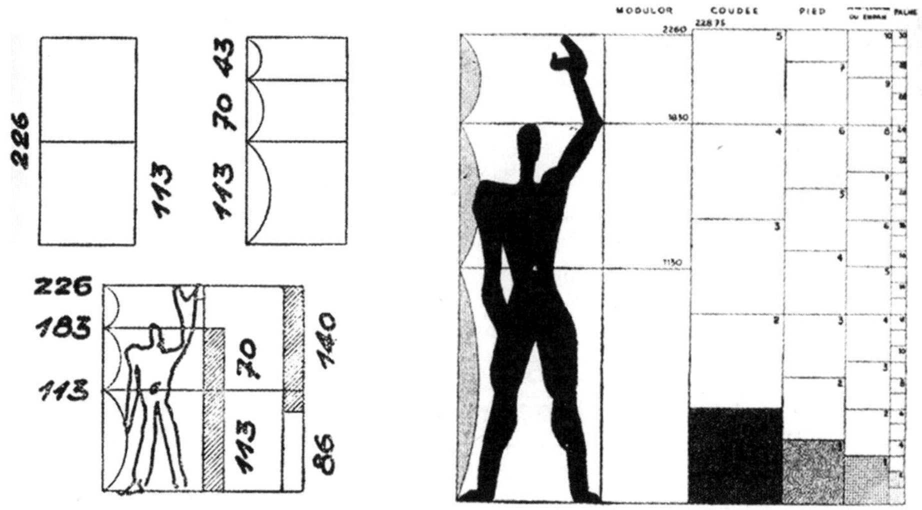

图 4-11　勒·柯布西耶的人体模度示意图[54]39,192

可以说比例是工法逻辑性的主要体现，是将物质实践的成果与视觉效果统一起来，形成审美感受的数理控制方法。

（2）组合纹样

材料的组合纹样是建筑工法的装饰性呈现，它主要表现为材料组织在一起形成的几何图案。建筑材料的组合样式规则可以用格式塔心理学的相似性原则进行解释，即将形式相似、方向相似、位置相似的若干材料组织在一起，形成特征鲜明的工艺表现单元，而建筑整体就是由若干这种单元组织成的层次鲜明的综合体。下面以《建筑四书》[53]7 中记载的西方传统建筑砖石砌筑组织样式为例，对组合纹样与工艺表达的关系进行阐释。

模式一：方向相似的网状砌筑

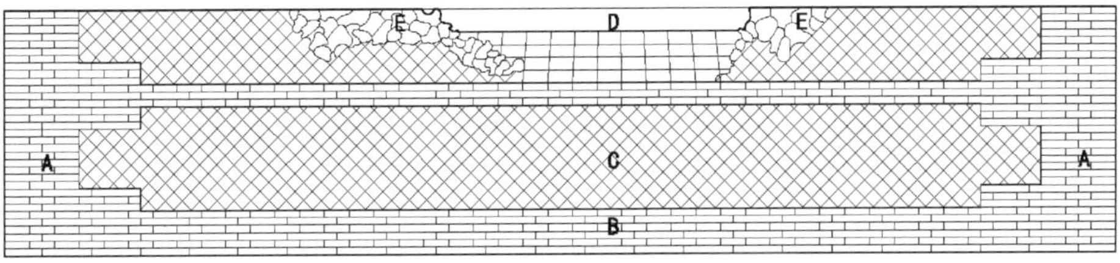


A 砖砌抱角　B 砖砌屋基　C 网状砖墙　D 屋基断面　E 墙体断面

图 4-12　网状砌筑砖墙

如图 4-12 所示，这种墙体砌筑方式在维特鲁威时期较为常见，主要建筑材料为砖。在建筑转角和墙基处采用平砌砖墙，承担建筑的主要荷载，建筑墙体主要部分采用斜砌砖网格的方式，每隔 2.5ft 在网状纹样墙体上方砌筑连接带。网状砌筑通过相似的方向构成了建筑墙体的整体印象，转角与墙基处配以平砌砖带，既起到了稳固墙体的结构作用，又从视觉上给人以整体感[53]7。

模式二：形式相似的卵石泥灰墙

如图 4-13 所示，这种墙体砌筑方式主要采用泥灰（原始混凝土）和卵石混合砌筑，多集中出现在意大利东北部的维罗纳地区。建筑转角和屋基处采用平砌砖（或石）墙，承担建筑的主要荷载，墙体部分采用泥灰混合着卵石填充而成，每隔 2ft 处平砖砌筑连接带稳固墙体结构。卵石相似的形式特征构成了建筑墙体的整体质感[53]8。

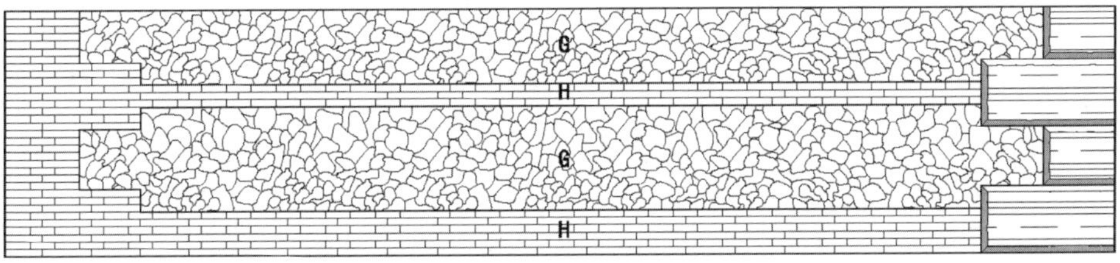


G 泥灰与卵石的混合物　H 屋基石（砖）

图 4-13　卵石泥灰墙

模式三：位置相似的条石墙体

如图 4-14 所示，这种组织样式将石材按横竖两个方向错层排列，通过位置的相似性构成两种视觉单元的交错效果。这种砌筑方式给人感觉宏大、敦实，常见于奥古斯都时期的广场建筑[53]8。

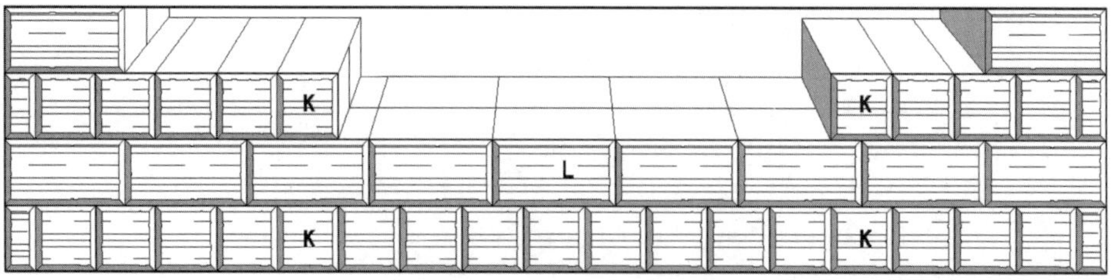


K 砌筑条石　　L 屋基条石

图 4-14　条石墙体

除此之外还有平砖砌筑模式（图 4-15）、不规则石材砌筑模式（图 4-16）、箱型墙体砌筑模式（图 4-17）等，这些组织模式从构造角度对建筑墙体的稳定性进行了规定，同时也将工法的组合纹样作为建筑工艺表达的主要内容。

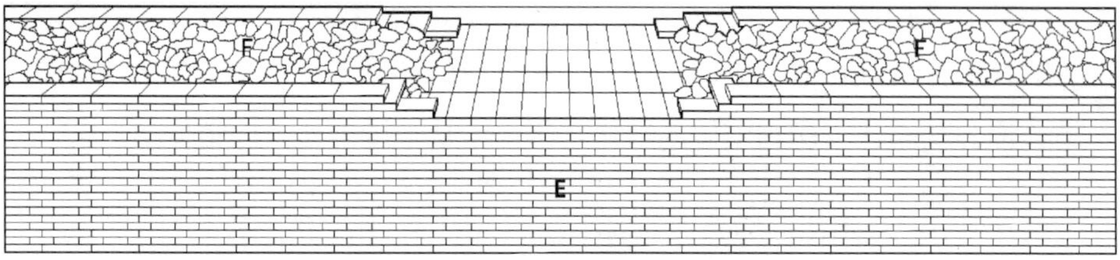


E 砖砌屋基　　F 双层墙间填充碎石和泥灰

图 4-15　平砖砌筑

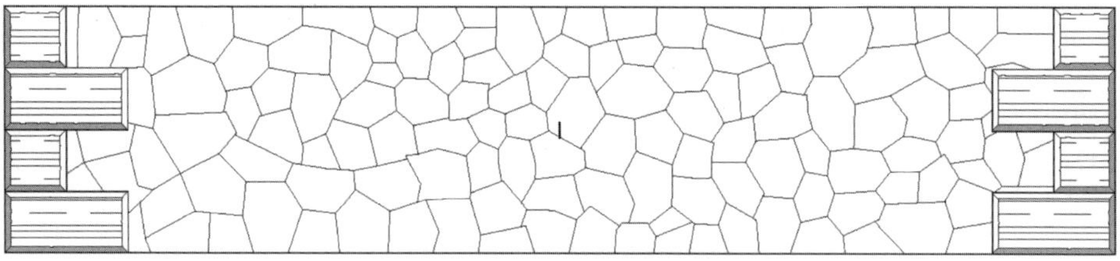


I 不规则石材砌筑的墙体

图 4-16　不规则石材砌筑

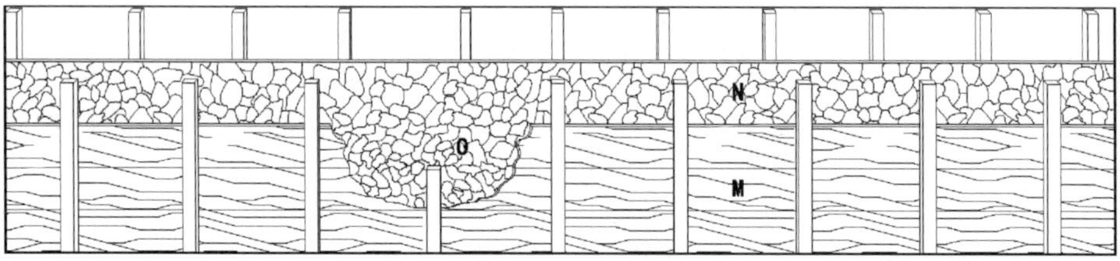


M 墙板　　N 中间填充物　　O 移开木板后的填充物

图 4-17　网状砌筑砖墙

上述材料的组织样式在历代建筑工程技术类图书中均可找到相关规定，是一种程式化了的建筑工法表达。然而，在具体建筑项目中，有经验的工匠仍然能够在规范化的工法中表现出匠心独具之处。

以山西省灵石县城东的王家大院影壁墙的影壁心砖雕工艺为例，如图 4-18 所示，影壁墙的影壁心往往是由几块砖拼接而成的砖雕，工匠根据图案的形式选料、拼花，再分别对每块砖进行雕刻。工艺精湛的工匠会根据砖雕的内容选择材料、设计材料的拼接方式，以保证壁面平整、砖缝细腻、拼花图案与雕刻图案浑然一体。如果影壁心砖雕拼砌痕迹明显且材料的拼接方式与雕塑图案不匹配，则工艺表现力就会稍逊一筹 [55]124。

图 4-18　王家大院影壁壁心砖雕 [55]124

工法所呈现的几何样式通常是有本可依的，这保证了建筑工法的基本效果。然而精湛的工艺却往往不是图则、法式中所规定的，而是工匠多年经验的积累与个人艺术修养的结晶。

## 4.3　细部设计

“在认识中，我们求助于某些先前形成的图式，就像依赖一种模型一样。某些细节或细节的安排成了单纯的认出某物的线索。” [20]56 这就是说，观者会因为一个图案的熟悉而感到亲切，进而产生愉悦的感受。建筑细部是观者形成审美感知的基本环节。

建筑细部设计是机械工艺的产物，它一方面承担着装饰的作用，另一方面它又要兼顾技术和功能的要求。细部设计“是体现了建筑师想法的信息传递载体和建筑师原创根源在材料上的表达形式。” [56]75

细部设计是基于建筑创作意图的由建筑师主动进行的微观的设计。细部设计的目的是希望取得与建筑整体形态相协调的材料加工与组合方式以及具有艺术性特征的构造节点。细部设计要实现功能有效、结构合理、使用舒适、整体协调、细节精致等工艺要求，从触觉、视觉、知觉等方面带给人美的感受。

需要特殊说明的是，细部设计的出发点与构造设计有明显的区别。构造设计是以功能（如防水、防渗、固定、连接）的实现和结构稳定为基本原则的被动性设计。而细部设计则是以工艺表现为基本原则，是技术、功能、美观三种要求的综合表达，它在艺术性方面给建筑师更大的发挥空间，是高品质建筑的主要工艺表现形式。

根据细部设计的工艺特征与设计目标，下面将分别从视觉细部、功能细部、结构细部三个方面对其进行详细阐述。

### 4.3.1 视觉细部

视觉细部与“装饰样式”有相似的部分，两者都是通过材料组合方式来优化工艺表现。不同的是视觉细部设计不是工程做法规定的、程式化了的图案，而是建筑师创造性地应用几何规律进行视觉修正的过程。

首先，视觉细部设计是对单元材料的形体和建造误差的修正。从视觉心理学角度讲,一个物体与人在大小上相比足够小或物与人的距离足够远而显得小，那么感觉经验的偏差就不会起作用。视觉细部设计可以通过材料组织的几何规律将观者的注意力从材料单体转移到材料组群的几何图案上面来。与几何图案相比，材料单体在视觉上的尺寸缩小，进而使人对于材料误差的感知变弱，达到优化工艺表现的目标。

其次，视觉细部设计建立了有序的视觉效果。观者对于建筑的观察通常是在运动中进行的。视觉细部设计会从宏观到微观建构多层次的几何逻辑，使运动中的观者在不同的观察距离下都能够接收到有序的几何图案序列，进而增强被观察物体的识别性与感观秩序。

以新疆地区的苏公塔为例，如图 4-19 所示。该塔是 1778 年建造的砂砖塔，在当时的工艺技术体系下材料单元与施工的精细程度均有限。工匠为了在不同的观察角度、观察距离均呈现出精致细密的工艺表现特征，设计了砖砌菱形格构的视觉细部。从远处观察，塔身呈完整的梭形体。当观察距离拉近，视觉信息转变为菱形格构图案。菱形的四边突出，用立砖砌筑，中心用平砖砌筑，在阳光下形成投影，有效地强化了几何图案特征。当再次拉近距离观察，观者才

图 4-19 苏公塔不同距离观察的细部图示

会注意到组成菱形格构图案的砂砖。尽管砂砖的物理精度并不高，但是工匠通过菱形格构视觉细部设计巧妙地弱化了人对于材料误差的感知，实现了建筑视觉上的精美与有序。

### 4.3.2 功能细部

细部设计与装饰设计的最大区别是前者具有功能性的要求，不是完全主观性的形式表达。功能性的细部设计不仅是对构造节点的形式推敲，同时也是建筑人体工学设计的主要内容。

窗下墙上有不同色彩涂料的色带起到装饰的作用
窗下嵌入的金属条略突出墙面起到更小尺度的装饰以及滴水作用


图 4-20 窗台批水细部处理 （图片来源：北京时空筑城建筑设计有限公司夏天提供）

功能性的细部设计通常结合构造设计进行。以最常见的窗台为例，窗台批水负担着防止雨水倒灌的功能，通常是一个出挑的水泥板。许多建筑师认为厚重的水泥板有碍于建筑美观而将其去掉，然而没有窗台板会因雨水沿墙壁流下形成难以清理的印迹，如图 4-20 中右侧一组建筑的窗口设计。德国建筑师通过功能性的细部设计解决了“防水”与“美观”的矛盾。建筑师在窗台下设计了一条边缘略突出墙面的金属板，突出的边缘可以将雨水引入“导流槽”，既避免了雨水污染墙面又可以在视觉上强化窗洞边缘，优化工艺表现效果。

这种与功能相结合的细部设计是使建筑细部设计在长期使用中能够发挥积极作用的主要因素，可以保证工艺表现在长期的使用过程中效果持久。

人体工学设计是功能细部设计的另一个重要组成部分。人对建筑的认知分别通过视觉、嗅觉、触觉来获得。其中，视觉与嗅觉传递给人的是建筑的宏观形态信息。当观者进入建筑或者成为建筑的使用者时，触觉信息就变得尤为重要。人体工学关注的内容就是根据使用者的生理和心理需求，遵循人体测量数据，在触觉感知范围内增加设计的舒适性。

人体工学设计最早出现在工业产品的设计中，产品工程师为了提高人对于工具的使用效率、使用持久性和使用的舒适性，从人的生理条件出发进行产品造型设计。建筑师借鉴了这种做法，在建筑的把手、栏杆、墙裙、踢脚线、墙体转角等近人部位的设计上充分考虑人的肢体特征和使用习惯等。建筑人体工程学设计中有一部分是与工业产品重合，由产品厂家代为设计生产的；还有一部分是由建筑师根据建筑的工艺表现特征自行设计，厂家代为加工；当然最理想的人体工学设计则是与建筑融为一体，从设计到加工均由建筑师负责专门定制的。

以最简单的门把手为例，手工业时代的设计基本上是装饰性构件与功能性构件的简单组合，是细致的工艺而不是细部设计。机械工艺时代的门把手基本上以工业生产为主，最常见的是工业生产的构件，如图 4-21 所示的第二个把手，它是经由工业设计师设计、批量生产的标准化产品；图中所示的第三个门把手是由建筑师设计、与建筑工艺表现特征协调一致的工业产品。图中展示的最后一个门把手则是建筑师根据建筑自身的特点专门设计，并与建筑工艺同时完成的建筑细部设计，它不仅在工艺的细腻程度上充分考虑了抓握的生理感受，而且在形体上与建筑浑然一体，工艺表现效果别具一格。

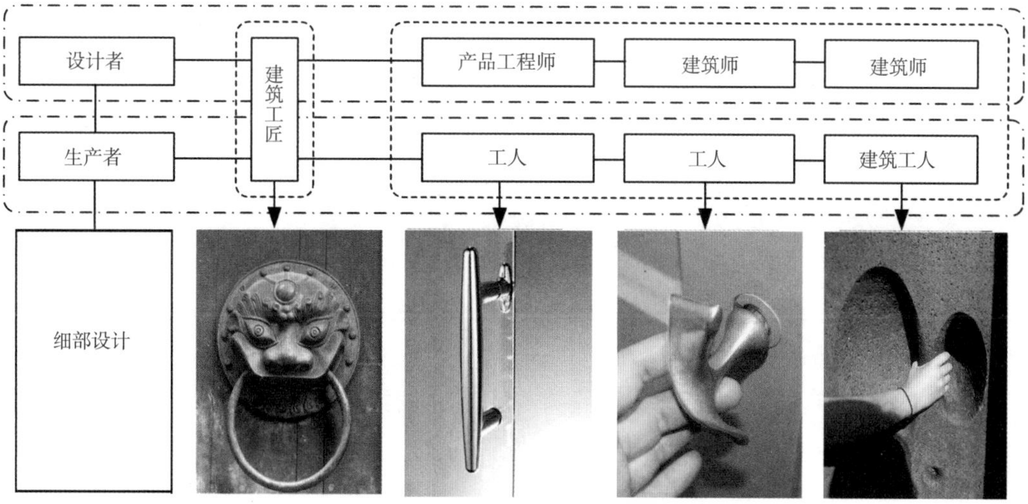


图 4-21　门把手细部

### 4.3.3　结构细部

结构细部是建筑结构最简洁、最清晰的表达与满足视觉需要的形式设计相结合的细部设计，它建立在建筑师对建筑结构关系的充分理解以及对建筑稳定性、坚固性有十足信心的前提下，除去了与结构功能无关的冗余部件，追求力学规则的清晰展示。最善于通过结构细部设计表达建筑工艺之美的是高技派建筑师，他们通过建筑结构构件的组合方式、连接方式的独特设计，表达了建筑中力的传递规则。

图 4-22 中所示是建筑师卡拉特拉瓦设计的希腊奥林匹克运动会新体育馆。建筑是由两组双层拱形钢梁撑起的巨型屋顶，底层拱形梁横跨在屋顶下部起承托作用，上层拱梁下挂钢索起提拉作用，两者共同分担屋顶荷载。在整个结构中两组拱形梁的支座处和上层拱形梁钢索吊挂的节点成为结构细部设计的重点。拱形梁的支座通过一个三角梁架将重力荷载传到基础部分。屋顶上方的悬挂节点则采用了工业吊挂构件，锚固节点整齐精致，既解决了拉索与屋盖的链接问题，又突出了结构体系中力的传递路径，该建筑的细部设计集结构、功能与装饰作用于一身。

精致的细部是高品质建筑的基本工艺表现特征，正如 2009 年普利兹克建筑奖获得者卒姆托所言："建筑师必须为边缘接缝，为表面横截点和各种材质交汇点寻找合理的构造和形式。这些外形细节决定了建筑更大比例范围中的微妙过渡。由细节确立形式韵律，确立建筑中细微的分割比例。在建筑的相关部

图 4-22 希腊新奥林匹克体育馆结构细部

位，细节表达出设计所需要的基本概念：从属或分离，紧张或轻松，抵触，坚固，脆弱……”①[57]27

## 4.4 整体意境

精致的细部设计是建筑工艺表现的基本特征，其目标并不是细节本身的展示，而是在于诸多细节联系在一起与周围环境和建筑使用状态共同构成的整体意境。用沃尔夫林（Heinrich Wolfflin）②的美学思想来解释“这种整体意境所描绘的是一种无法用绝对清晰的形状外貌来描述的美，它就植根于不完全可理解的事物中，植根于不完全露出真面目的神秘事物中，植根于每时每刻都在改变的不可同化的事物中”[58]145。

### 4.4.1 独具一格的匠意

匠意是建筑工匠或建筑师经过长时间的实践积累之后对于建筑特征、建筑工艺、建成后的整体效果的独特理解，是建筑、工艺、环境的综合表达。匠意的表达并没有固定的法式规则，此处只能通过三个例子进行简要说明。

（1）无形胜有形

与自然环境相比，建筑是物质存在，是有形的实体，而环境是无形的。当

① 彼得·卒姆托在著作<Thinking architecture>中的原文:The architect must look for rational constructions and forms for edges and joints, for the points where surfaces intersect and different materials meet. There formal details determine the sensitive transitions within the larger proportions of the building. The details establish the formal rhythm, the building’s finely fractionated seal. Details express what the basic idea of the design requires at the relevant point in the object: belonging or separation, tension or lightness, friction, solidity, fragility···

② 海因里希·沃尔夫林（Heinrich Wolfflin，1864-1945年），出生于瑞士苏黎世，瑞士著名的美学家和美术史家，西方艺术科学的创始人之一。曾在慕尼黑、柏林、巴塞尔等大学攻读艺术史和哲学。1893年接替导师雅各布·布克哈特（研究意大利文艺复兴时代的著名史学家和艺术史家）在巴塞尔大学的艺术史教授席位。不久又接受柏林大学艺术史教授席位，这个位置在当时被视为个人学术生涯的顶点。此外，还在慕尼黑、苏黎世等大学担任教授。其美学思想影响了后来的建筑历史学家Sigfried Giedion。

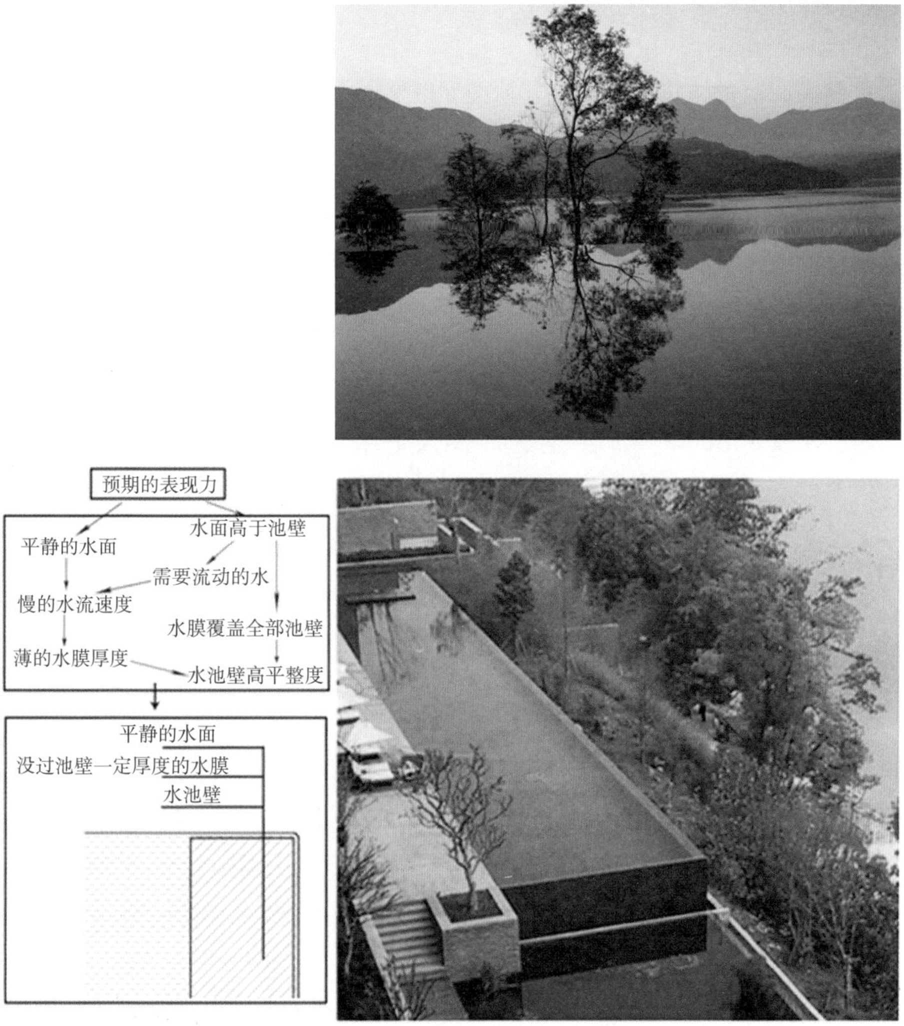


**图 4-23　涵碧楼游泳池**（图片来源：北京时空筑城建筑设计有限公司夏天提供）

有形的建筑与无形的自然同时出现，人类的先验性审美需求更希望建筑能够消隐在人们所熟悉与热爱的自然中，若隐若现的物质实体能够带给观者更大的想象空间。

以台湾涵碧楼宾馆为例，如图 4-23 所示。涵碧楼宾馆建造了一个没有边界的水池，池水与不远处的自然湖泊在视觉上连成一体，共同倒映着远山的剪影，构成了一个大象无形的建筑意境。分析这一整体意境表达的途径，一方面离不开建筑师对于环境的独特感受，另一方面也需要精湛工艺的支持。

首先，池水必须平稳地漫过池边，以实现人工水池与自然相接的效果。建筑师为了实现这种意境设计了双层池边的构造节点，并将第一层池边打磨得格外平直、光滑，以保证水流的平稳。

其次，池边的施工要求极其精准，以保证水流既可以同时通过 100m 长的边沿，又不会泛起水纹。

第三，池壁的颜色需要与深水处水面的颜色相近，以保证观者在池外看不到池壁的痕迹，而颜色的确定需要建筑师具有极细致的观察力和配色经验。

在这个案例中，建筑的整体意境是由建筑师的艺术创意、恰当的材料处理、精湛的工法、精致的细部设计共同实现的，它的艺术性已经远远超过了单一工艺经验所表达出的审美价值的叠加，给人无穷的想象空间。

（2）没有细部的细部

许多建筑师认为，建筑活动中应该赋予概念优先权，那么他们在进行工艺处理时希望工艺表现消隐在建筑意境中，以达到建筑概念的完整表达。

妹岛和世和西泽立卫在德国艾森管理与设计学校项目中，通过消隐的细部设计，既解决了建筑的功能问题又维护了建筑概念的优先权，如图 4-24 所示。该建筑位于德国艾森市郊外的一个旧煤矿遗址（该遗址是联合国教科文组织指定的世界文化遗产）。建筑的环境条件需要该设计为当地创造出一个醒目的标志性入口。建筑师将建筑设计成了一个巨大的混凝土立方体，立方体四周不规则

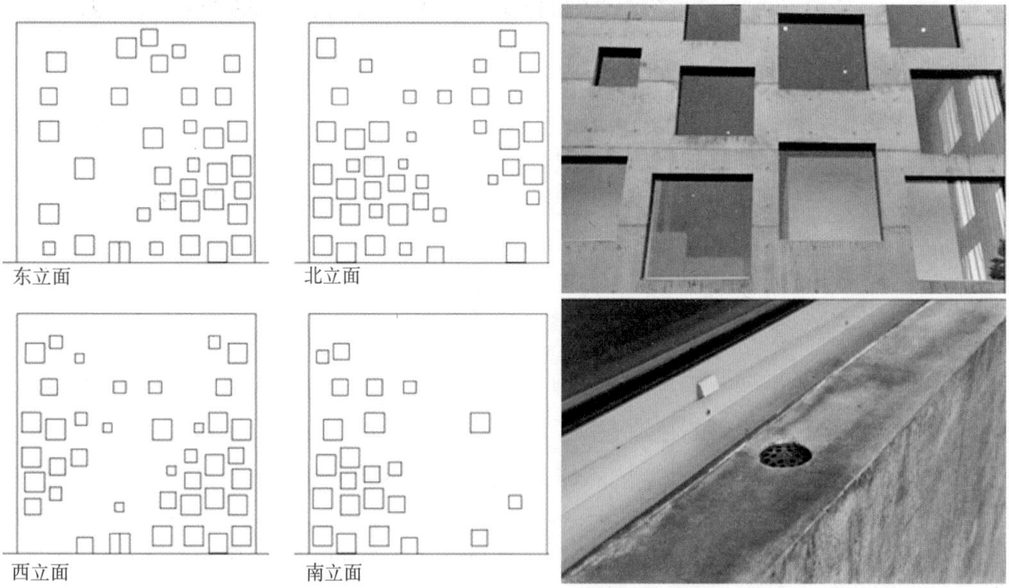


图 4-24　德国艾森管理与设计学校细部设计（图片来源：重庆大学建筑城规学院褚冬竹提供）

地开着许多方形窗洞[59]46-49，希望通过这种没有任何赘饰的几何形体来表达工业技术的理性与力量。在这个建筑中，建筑师对于形体的完整性与窗洞的简洁性有着近乎洁癖式的要求，特别是窗洞，建筑师不希望出现任何其他的构件，仅仅是混凝土上的“洞”。为了解决赤裸的窗洞在防水方面的问题，建筑师在窗洞底部设计了一个类似于“地漏”的防水装置，以此来满足建筑概念表达的需求。

（3）诗意的建造

建筑整体意境的工艺表达除了存在于设计中，还存在于建筑师对于建造过程的独特理解之中。

以德国慕尼黑郊区的克劳兹小教堂( Bruder Klaus )为例，如图 4-25 ~ 图 4-27 所示。克劳兹小教堂通过独树一帜的建造方式完成了从工艺表现到整体意境的转变。首先，建筑师用木头搭建锥状体的模具，构成了小教堂的内部空间的雏形。其次，建筑师在已有模具的基础上浇铸冲压混凝土，每天浇铸 0.5m，分 24 天完成。混凝土外墙建好后，建筑师将屋内的木头模具分 3 次燃烧干净，燃烧后的木材在墙上留下了黝黑而又粗糙的痕迹以及浓重的树油的味道，让观者置身其中时感受到一种时间的绵延不绝。建筑师运用一种手工制作的方式赋予建筑独特的环境氛围，建造过程留下的痕迹增加了建筑整体意境的神秘感。

图 4-25　教堂建造过程

图 4-26　教堂外观

图 4-27　教堂内部空间

（图片来源：代尔夫特理工大学张晓蓉提供）

### 4.4.2　与环境的和谐统一

建筑整体意境还表现在建筑实体与光、声、风等环境要素的相互作用，如暗处的墙体因为长满青苔而显得幽静而又神秘；灿烂阳光下的建筑因为浓烈的光影关系而显得宏伟壮丽。只有当建筑工艺的成果与其所处的环境共同形成一种和谐的氛围，才能够构成独一无二的整体意境。

（1）光环境与建筑氛围

光环境与建筑氛围的塑造是现代主义中期最为经典的建筑设计方法，善于运用光的建筑师可以通过变幻莫测的光影效果来整合建筑工艺与周边环境的整体效果，进而达到建筑整体意境的升华。

以朗香教堂为例，如图 4-28 所示。朗香教堂是 20 世纪 50 年代初期的混凝土建筑，白色混凝土托起向上翻卷的厚重的屋顶，粗糙的白色墙面上开着大大小小的矩形的窗洞。光线透过镶着彩色玻璃的窗洞投射到室内，产生了一种特殊的空间气氛。由于当时混凝土浇筑技术的局限性，朗香教堂的建筑工艺并不精细，但是拙朴的工艺在彩色光束的映衬下却构成了神秘的建筑意境。

（2）声环境与建筑氛围

建筑不仅仅是光的容器，也是声音的共鸣箱。建筑通过房间的形式、建筑材料对声波的吸收或者反射特性，使风声、雨声、蝉声等各种环境背景的声音

图 4-28　朗香教堂内彩窗光环境及细部

和谐地统一在一起，形成美妙的旋律，进而营造独具一格的建筑意境。

建筑师彼得·卒姆托设计的2000年汉诺威世界博览会瑞士馆就是一个声音的共鸣箱。建筑由2800m³的木料构成，墙面由窄长的木条编织而成，地面是整片架起的云杉木，两者共同构成了一个乐器的音箱。各种声音在其中形成和弦，轻柔细弱的声音衬托了建筑氛围的恬静与轻松。

能够构成建筑整体意境的环境条件还有风、植物、人的生活等等，受限于本书篇幅，这些条件无法在此一一列举。总体而言，凡是与建筑使用息息相关的事物都可能构成建筑整体意境的组成要素，在建筑师独具匠心的设计下构成了别具一格的建筑意境。

图4-29　2000年汉诺威世界博览会瑞士馆

（图片来源：http://www.artintern.net/wap/blog/content.php?id=196202）

# 第 5 章　建筑品质的判断

## 5.1　品质判断的特征

通过对建筑品质的表达方式的论述可知，各个时代工艺经验与审美判断经验各不相同，而两种工艺通过作为媒介的人和工法发生作用时，又会映射出理性的内在逻辑，这就构成建筑品质判断的三点特征：时间轴上的动态变化特征、生成逻辑上的有序性特征、主客观影响因素的相关性特征。

（1）时间轴上的动态变化特征

时间轴上的动态变化特征是指在不同的时代，对应不同的社会背景和技术条件，由于工艺技术的具体措施不同和人对建筑审美需求的差异所造成的观者对于建筑品质的判断在时间轴上的动态变化特征。这种特征的动态变化并非无序的，而是以技术条件的进步及其所引起的审美需求的变化为基本依据产生的。它从已有工艺表现形式发展成为新技术带来的工艺表现形式。但是，这种动态发展并非更替演进，旧有形式并不会因为新的工艺表达而失去光彩。相反，时间会过滤掉工艺表现中代表个人喜好和时尚元素的符号，沉淀出具有时代性的工艺之美，并且因为这种工艺之美历久不衰而增加了其自身的艺术价值。

由建筑品质的动态特征决定建筑品质的判断没有单一的、绝对的法则约束，品质判断应该是开放的、比较性的、经验性的判断，在判断中只有特定时代技术背景下工艺表达能力的无限发挥，而没有最高的建筑品质标准。

（2）生成逻辑上的有序性特征

生成逻辑上的有序性特征主要是指工艺经验和判断经验内部逻辑上的有序性。在“建筑品质的生成”一节可以发现，在建筑历史进程中，品质的生成结构始终是由“作为开端的需求”、“作为过程的经验”、“作为媒介的人和工法”三者构成。从心理学角度讲，人的审美感受具有先验性特征，部分能够引起审美感受的事物是不因社会、历史、文化、技术的变化而改变的，以此作为开端的建筑工艺具有稳定性特征；从实践论角度讲，在漫长的历史演进过程中，建筑的物质性生产活动本质没有改变，因而工艺经验的基本要素始终是材料、工具、动力、相对运动，工艺经验的工作原理是稳定的；此外，建筑活动中“建筑—人—材料”之间的生产关系、人与工法的媒介作用都没有发生革命性变化。尽管，上述生成结构所指的具体内容会随着技术与文化的发展而变化，但是结构的稳定性保证了整个变化过程中建筑品质判断的有序性特征，这是建筑品质发展的内在逻辑。

这种生成结构上的稳定性构成了对动态变化的建筑品质进行判断的前提。建筑品质的判断本质上就是在稳定的生成结构基础上分析各个组成要素所发挥的作用以及他们之间的耦合效果，各个组成要素的作用发挥得越充分，其耦合效果越显著，相应的建筑品质就越能够得到公众的认可。

（3）主客观影响因素的相关性特征

主客观影响因素的相关性特征主要是指建筑品质各项影响因素之间的相互作用。在建筑品质的形成过程中，任何一项影响因素都不可能单一地构成高品质建筑。只有当材料、与材料相适应的工具选择、与工具相匹配的动力和相对运动等因素环环相扣、相互适应，才能够构成工艺表达的基础；另一方面，在对建筑品质进行判断的时候，观者从来不会因为单一技术的精湛或者建筑满足了某一特定人群的需求而产生美的感受，而是结合建筑的主、客观两方面影响因素对其进行综合评判。

由此可见，建筑品质并不是从单一方面的绝对性评判，而是主客观经验相关联的结果。建筑品质判断是一个多目标的复杂性决策过程，其判断原理必然也具有开放性特征。

## 5.2 建筑品质判断的依据

建筑品质判断的理论依据是杜威的“协调圈理论”和“连续重构理论”。

（1）协调圈理论

“协调圈理论”（Circuitco Ordination）是杜威心理学研究的重要组成部分，他从系统论观念出发，对于“做”与“受”两个经验过程进行研究。他认为感知与行动构成了一个相互支持、共同工作的协调圈。协调圈中，“做”的过程是共同协调的物质基础，“受”的过程是共同协调的形成阶段，他们对人产生刺激，而刺激的反应则是形成协调的阶段，是两种经验耦合的关键。“做”的过程与“受”的过程是相互关联且同时发生的，如果这个圈中任意子要素之间彼此冲突，协同关系就会碎裂并需要重构[37]157。

对于建筑而言，这种协调圈理论表现为工艺、工艺成果与感知的协同工作。任何建筑都是工艺经验的产物，作为工艺成果它会给观者带来视觉或知觉方面的刺激，在这种刺激生成的同时，观者完成了对于该工艺成果的判断。该判断的参照系则是观者对于同种类工艺经验的印象。观者所拥有的经验不同，对于建筑品质的判断结果也各不相同。由于经验是一个不断生长的过程，因而品质判断本身也不存在终极结果，而是动态的连续变化的过程。

（2）连续重构理论

“连续重构理论”（Contiguous Reconstruction）是协调圈理论在实践中发挥作用的具体模式。在杜威看来“自然主义逻辑理论的基本原理就是，较低而且不太复杂的活动与形式向较高（更为复杂）活动与形式之间的连续性过渡”[37]18-19。杜威所论述的连续性并非单一的线性连续，而是有机体与环境每时每刻都相互牵连。因此，随着每个内部因素的变化，环境都在扩展，这就构成了连续重构理论。

对于建筑而言，构成协调圈的要素不断变化，协调圈不断重构，品质判断的经验也在不断变化。处于不同时代或不同技术环境的建筑，由于其协调圈的工作模式的不同，评判标准会参照其整体工作方式进行连续性重构。因此，建筑品质判断是一种还原判断，即将建筑重置到其生成年代，结合特定的环境和技术特征进行判断。

## 5.3　品质判断的原则

按照自然经验主义美学理论只有当自然存在的属性最完全地揭示出来的时候，才使经验自身存在于艺术之中。而能否满足充分表达的要求，则由经验本身的合理性与经验实施的彻底性来决定[66]262。也就是说，基于工艺经验而生成的美,应该是最充分的工艺经验表达。由此可以演绎出建筑品质的判断原则：在特定的媒介条件下,工艺经验的圆满完成及其与判断经验的耦合。具体而言，高品质的建筑是在特定技术条件、社会环境、时代背景下，适宜的建造工艺的极致发挥，并且工艺所呈现出的形式特征能满足观赏者在真实性、优美感、崇高感等方面的需求，能够激起观者在情感上的共鸣。

建筑是一个复杂的、多元的、兼具客观规律和个性特征的整体，建筑品质的判断很难把它拆解成具体的条例法则，更不可能用具有普适性意义的数据进行描述。建筑品质的判断主要是比较、归纳的结果，即反思判断。反思判断是指，在预先没有普遍性的原理，只有具体的事物，但是又需要对该事物进行某种形式的把握的情况下,判断主体寻找普遍“原理”或规律的过程[67]151。其中，所谓的“寻找规律”是思考具体事物之所以如此的原因的过程。总而言之，建筑品质判断是在不断比较和感悟中获得的。

由于经验没有完成的阶段，它既是过程性的，也是中介性的，总是呈现出某种新的东西，因而，建筑品质的判断原则必然是没有终极的，始终随着社会环境和技术条件的变化而改变。

## 5.4　品质判断的方法

建筑品质的判断是一个模糊性问题①，可以参照多目标决策理论进行判断。具体判断方法有层次分析法、模糊综合评价法、灰色关联度法。

（1）层次分析法

“层次分析法是将与决策相关的元素分解成目标、准则、方案等层次，在此基础之上对其进行定性分析和定量判断的方法”[68]142。

应用层次分析法进行建筑品质判断，首先需要对建筑品质的本质问题、生

① 模糊性是指事物本身的概念不清楚，本质上没有确切的定义，在量上没有确定界限的一种客观属性。

成机理、影响因素及各影响因素之间的内在联系进行深入分析。根据分析结果，应用专家打分的方法建立起一个具有多层次的系统评价因子模型，并确定各因子评分条件与标准，设定品质评判等级。评价主体对建筑品质评价系统模型中各因子进行打分，对评分进行数理分析与比较，确定建筑品质的基本评价等级，并针对各项因子的相关特征进行采样检验与回归分析，最终得出最后的品质判断结果。

层次分析法为多目标、多准则或无明显结构特征、定量信息较少的建筑品质判断提供了一种直观的评判方法。但是，层次分析法中系统评价因子模型的建构可能具有主观性和片面性，它会造成评判结果受到系统评价因子模型建构者个人意志的影响而削弱普遍性价值。

（2）模糊综合评价法

事物或者概念的边界普遍存在着不清晰的特征，这种不清晰并不是人的主观认知能力所造成的，而是客观存在的。模糊综合评价法是针对事物的模糊性特征，考虑多方面影响因素，应用模糊数学的方法对事物进行综合评价的方法[69]87。应用模糊综合评价法对建筑品质进行判断的基本步骤如下：首先确定建筑品质判断所包含的评价对象集、因素集和评语集；其次，通过数理统计分析、专家评定等方法建立各个评价因素的权重向量；然后，对单个因素进行模糊评价，进而得出建筑品质的模糊综合评价矩阵；最后，对模糊综合评价矩阵进行复合运算得出最终评价结果。

模糊综合评价可以将主观的建筑品质定性评价进行量化处理，使评价结果更客观、科学性更强。但是，其结果受到评价对象集的影响，整体性较弱，无法对建筑工艺表现的整体意境进行准确把握。

（3）灰色关联度法

人们认识客观事物时具有的不完全性是一种灰色系统。灰色关联度法就是在人们对这些灰色系统进行判断的时候所需要采取的一些特定方法，以保证判断的客观性、全面性和公正性。灰色关联度法是以各相关因素的采样数据为依据，描述各个因素之间联系的强弱、大小和次序的一种多因素统计分析法。由于灰色关联度法能够揭示因素间关系的强弱，因而其结果可以得出各相关因素关联度的序列[69]95。用灰色关联度法进行建筑品质判断的具体方法是基于可以获得的建筑工艺信息，对多个项目进行综合排序；或者是建立具有理想的建筑品质模型作为参照。通过对实际项目采样分析和样本与理想模型的对照，获得关联度的分布情况，划定表示高品质的关联度的数值范围对参评建筑进行评价。

灰色关联度法是对在时间和空间上有特定限制的建筑品质进行比较评价的最直观的方法。通过评价客体与建筑品质理想模型的比对，简单直观地反映出评价客体的品质等级。但是，这种评价方法只适用于与理想模型处于同一时代背景和同一技术体系中的建筑品质判断。

## 5.5　建筑品质的理想模型

建筑品质的主观性综合判断主要是通过比较和分析的方式展开，因而在学理上建立一个建筑品质判断的理想模型作为参照系进行比对是基础理论研究必须具备的一部分内容。尽管建筑品质判断没有终极的结论，但是由于建筑工艺经验与人的审美需求具有明确的内在逻辑关系，可以通过对特定技术体系下工艺经验的分析与人的审美心理学研究，初步演绎出塑造建筑品质的理想模型，如图 5-1 所示。

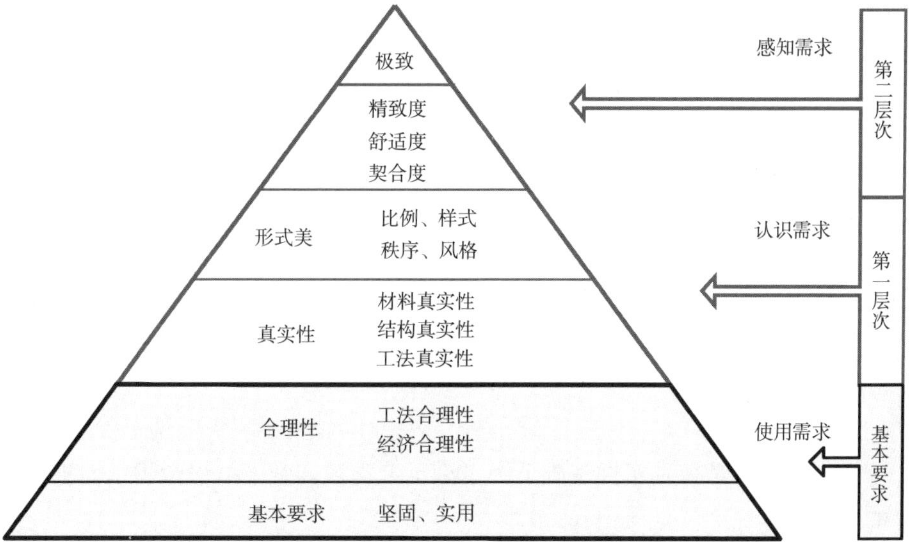


图 5-1　建筑品质判断的理想模型

建筑品质的理想模型分为三个阶层的要求：基本要求、第一层次品质要求、第二层次品质要求。

首先是基本要求，它是对建筑的合理性进行的描述。合理性要求是建筑品质判断的基础，但不构成建筑品质的必要条件，建筑品质的讨论必须在合理性要求得以满足的前提下进行。基本要求具体包括以下几点：

- 符合工艺程序和工艺要求；
- 自然资源的合理利用；
- 建筑工艺的经济合理性；
- 建筑工艺的功能合理性；
- 工法的合理性选择。

如果建筑不具备上述条件，那么就不具备对其进行品质判断的基础，品质高低与否也就无从谈起。

其次是第一层次的品质要求，它包括真实性要求和优美的要求。

这里的真实性并非机械的真实，而是与文化背景相协调的综合的真实性要求，具体包括：

- 材料的真实性；
- 结构的真实性；
- 工艺技术水平的真实性。

真实性原则是一个高品质建筑必须要达到的要求。当然，这种真实性会随着人类对于材料、力学、工艺技术的认识和掌握工艺技术水平的提升而不断变化。因而，对建筑的真实性进行评判需要将建筑还原到其所处的时空坐标下进行判断。

优美的要求是在真实性基础上为了满足人类视知觉上的愉悦需求而提出的建筑品质评判标准，具体包括：

- 对于形式的要求；
- 对于比例的要求；
- 对于秩序和韵律的要求。

优美的要求与真实性的要求共同构成了建筑品质的形式特征，是可见、可感知的工艺表达，也是高品质建筑必须要达到的第一层次要求。

第二层次的品质要求是崇高的要求。崇高性原则是对建筑品质提出的高级要求，它不是外化的形象，而是能给人心灵以震撼的综合表达。它主要通过工艺作用的充分发挥与工匠的极限劳动来实现，具体包括：

- 工具、动力、人、材料等工艺元素最大能动性的发挥，进而实现其他工艺在建筑规模、建筑精致性等方面所不能企及的高度；

- 超越工匠生理、心理极限的劳动及其所创造的劳动成果，也就是说要求工匠达到工法上的极致、劳动强度上的极限、劳动态度上的尽心。

对于崇高的要求往往能够使品质判断突破功能、文化、时代背景等外部因素的制约，得到人类更为恒久与普遍的认可，因而它是历代工匠矢志不渝追求的高品质建筑的稳定参照。

上述建筑品质的理想模型仅仅是从建筑师角度对于当代建筑品质判断的学理推演。在实际品质判断和建筑实践中，这一理想模型仅作为可供参照的逻辑思路和引导工匠进行建筑创作的参照物，而不是判断的标尺。

# 第 6 章　当代工艺技术分析与建筑品质的核心问题

## 6.1　先进技术与传统技术的对峙

建筑工艺技术演进的基本动力是技术的整体革新，先进技术的出现势必会撼动以传统技术为基础的建筑品质判断体系。尽管先进技术带来的行业变革是迅猛的是令人兴奋的，但是却并不能够彻底替代传统技术成为建筑品质成败的唯一标准。因而,在每一次建筑变革中总是呈现出先进技术与传统技术的对峙。纵观全球建筑格局,当代建筑界正在进行和即将进行的变革主要源自以智能化、集成化为主要特征的数字技术革命。这次变革所带来的数字工艺与机械工艺的对峙是当代建筑工艺技术发展的主要特征，处理好两者关系成为当代塑造高品质建筑的主要途径。

随着数字技术的逐渐普及，建筑活动逐渐从各专业独立设计走向了建筑工艺技术的有机整合。计算机全过程地参与到建筑活动中，打破了笛卡尔体系对建筑形体的束缚，衍生出多元化非线性的建筑形体。以计算机为媒介工具的建筑信息传递，保证了建筑构件生产的准确性以及建造的精致性。数字技术平台平台与 3D 打印技术的协作，大胆地提出了“打印建筑”的概念。智能机器人的出现，使建造活动的内在规则逐渐由“造物逻辑”转向了“数理逻辑”。计算机在建筑活动中所发挥的作用逐渐从建筑表达发展到计算机辅助设计，进而向计算机辅助制造和计算机控制全过程发展。计算机凭借着存储量大、运算速度快、信息传输误差小等特征将传统的行业单项运营整合到了一个平台进行操作。这种以计算机为核心的集成式、系统化运营机制提高了各专业系统的工作效率，使建筑业主、各专业团队、建筑工匠同时参与设计工作，同时也保证了行业间信息反馈的及时性与准确性，工作进程清晰可视。在这场变革中建筑活动的决策者、实施者、使用者在信息技术的支持下空前地统一在一起；建筑师从为一个阶级集团的利益服务逐渐转变为服务于个体需求，建筑的决策者在建筑活动中的作用从对经济性的追求逐渐转变为服务于使用者、服从于专业技术知识；建筑流程从线性生产逐渐转变为多系统合作。

然而，现实的建筑实践中，我们尚不能够彻底摆脱机械工艺，完全依靠计算机及其相关技术进行。特别是在建造环节，建筑设计与建造环节仍然存在精度差异。这种差异一方面表现在设计信息的精度远远高于机械建造的物理精度；另一方面表现在建筑设计的精度仍然很难与人在建筑中的感知精度相匹配。因此，在当代建筑设计中精度控制以及与精度控制相适应的建筑细部设计成为提升建筑品质的两个核心问题。

## 6.2 建筑品质的核心问题

### 6.2.1 精度控制

建筑精度主要是指建筑物所呈现出来的细致程度。根据品质的生成原理，建筑精度既包括工艺经验中以工法设计的细致程度与施工操作的准确程度为衡量标准的物理精度，也包括判断经验中观者在视知觉层面所能够感受到的误差范围，即感知精度。

（1）物理精度

物理精度含义包括正确度、精密度、准确度三个方面。正确度是精度标准的基础，是无错误的要求；精密度是在正确度得以保证的前提下对误差的控制程度；精准度则是指被加工器物与设计者思想的契合度、与整个被加工体系的匹配程度以及与其他相关工艺技术水平的协调程度[61]89。根据工艺学理论，“精度”与“误差”是一对相辅相成的概念。精度的高低是用误差来衡量的，误差越大，精度越低；误差越小，则精度越高。

客观而言，建筑工艺的误差具有必然性和不确定性，它普遍地存在于所有的建筑项目中。造成这种误差的原因可能是单一构件物理尺寸的误差，也可能是组装过程中的操作误差。因而，建筑物理精度又可以细分为构件精度和组装精度。

建筑的构件精度是对建筑工艺中所使用的基本建筑构件的正确性和精密度的要求，它主要受到加工刀具误差、工艺系统受力形变、工件残余应力三方面因素的影响[62]43。具体影响因素及学理上的改善措施详见表6-1。

**加工精度影响因素及改善措施一览表** **表6-1**

<table>
<tr><th colspan="2">误差原因</th><th>对加工精度的影响</th><th>改善措施</th></tr>
<tr><td rowspan="2">刀具误差</td><td>刀具几何形状误差</td><td>采用刀具进行加工时影响被加工表面的几何精度</td><td>提高刀具切削刃的制造精度<br>提高刀具的安装精度</td></tr>
<tr><td>刀尖尺寸磨损</td><td>加工大型、难加工的材料时影响被加工表面的几何精度</td><td>改进刀具材料<br>选择合理的切削用量<br>及时更换及补偿磨损刀具</td></tr>
<tr><td rowspan="3">工艺系统受力形变</td><td>工艺系统在不同加工位置上的刚度差别</td><td>静刚度差别会使工件产生偏离加工运动轨迹的位移，影响工件的几何精度</td><td rowspan="3">提高工艺系统的静刚度<br>采用辅助支撑，增强系统刚度，减小形变<br>改进刀具几何角度以减小切削抗力<br>安排与加工程序<br>设阻挡构件，减小刀具在传动力、惯性力、重力等方向的多余位移</td></tr>
<tr><td>毛坯余量不均匀或材料硬度不均引起的加工力的突变</td><td>破坏刀具与工件之间相对运动的稳定性，影响毛坯误差</td></tr>
<tr><td>传动力、惯性力、重力和加紧力的影响</td><td>加工工具在传动力或者惯性力方向产生多余位移，引起几何误差</td></tr>
<tr><td rowspan="2">工件残余应力</td><td>加工时破坏了残余应力的平衡</td><td>残余应力重新分布，使工件在加工后产生几何形变</td><td rowspan="2">改善构造方式，减小残余应力<br>精加工与粗加工分开进行<br>进行时效处理</td></tr>
<tr><td>工件残余应力处于不稳定的平衡状态</td><td>自然条件下，残余应力重新平衡，工件形状发生缓慢变形</td></tr>
</table>

组装精度是对工艺系统协调性和契合度的要求，主要受到单项构件精度、组装方式、自组装过程中几何信息传递媒介的影响。在传统手工艺技术体系下，组装精度没有定量的衡量标准，精度的高低完全依赖于工艺技术的熟练程度和工匠的视觉感受。在机械工艺技术体系下，各国建筑工程管理部门都对安装精度进行了严格的规定，用以控制建造质量。

（2）人体感知精度

客观而言，建筑工艺的误差具有必然性和不确定性，因而其物理精度不是建筑精度唯一的衡量标准。

人体感知精度是人在观察或者接触建筑的过程中，神经系统对误差的感知程度。人感知物体的过程是建筑物的物理信号被知觉器官捕捉，以神经信号形式传输至大脑，再经由大脑的信息处理系统和心理的经验性信号的综合处理形成感知的过程，如图 6-1 所示。其中，信息经由大脑形成感知的环节是人体感知精度形成的关键环节。对感知精度的判断既与物的属性和人体生理机能等客观要素相关，也与观者的瞬时情绪有关，是一个主观性较强、弹性较大的信息组织过程。感知精度是以心理学为基本原理的视知觉判断，依据是格式塔心理学①，基本原则是通过“同质相亲，异质分离”[63]162 的方法使工艺表现趋近于观者的心理信号，进而产生高于物理精度的协调性。相比于物理精度，人体感知精度没有客观衡量数据，而是以整体视知觉效果为衡量标准。因而，感知精度是在不借助任何测量工具的情况下，调整精度效果最有效、最直接的方法。

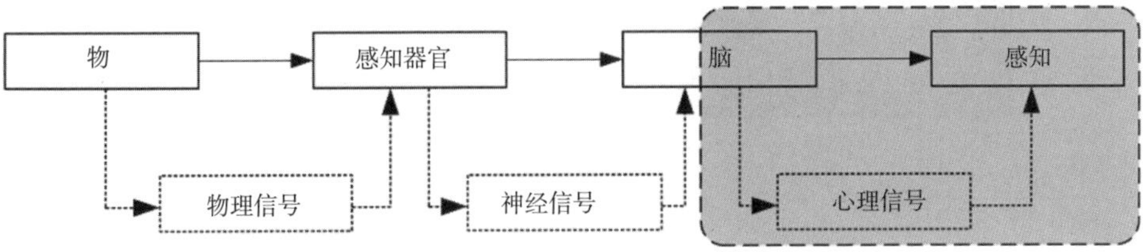


图 6-1　人体形成感知的生理过程示意图

建筑是一个承载着人的行为活动的容器，建筑的工艺精度必然要求以人为本。通过感知精度的调整可以使建筑工艺在经济、可操作的前提下达到最有效的精致程度，进而提升建筑品质。

人体的感知精度还可以在技术条件有限的情况下弥补物理精度的不足。格式塔心理学研究成果表明，人的心理感知受到“简洁律”作用影响②，对被观察物体总是有一种“心物同型”的趋势，在视知觉上形成与简洁律相似的感知。当物理精度不能满足人的视知觉精度要求时，常根据视知觉心理学原则，通过颜色、质感、形状等物理属性的调整来激发经验性的心理信号，进而使感知印象趋同于观者心理想象的工艺表现效果，从而使感知精度高于物理精度，如表 6-2 所示。

感知精度调整与物理精度的控制共同构成了建筑精度呈现出来的准确与严谨，是对一个建筑进行品质判断的充分条件。

---

① 格式塔心理学是西方现代心理学的主要流派之一，根据其原意也称为完形心理学，它是当前心理学理论研究中，以视知觉效果为研究对象，且已经得到学界广泛认可的理论。

② 人的心理组织对事物的认识总是趋于规律性、对称性、单一性。

**通过感知精度调整工艺表现的实例分析表** 表6-2

| | | |
|---|---|---|
| 图示 | 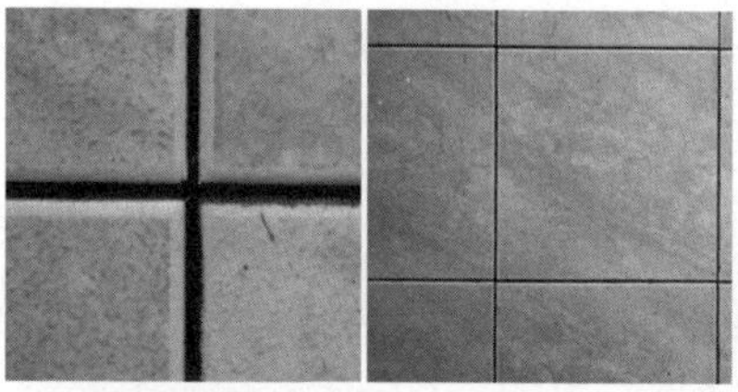 |  |
| 原理 | 线的连续与平直 | |
| 特征 | 通过线的连续与平直转移了对单原材料本身的尺寸误差和拼接误差的关注 | |
| 图示 |  |  |
| 原理 | 面的延展与平整 | |
| 特征 | 通过面的延展与平整转移了对局部断裂或粗糙的关注 | |
| 图示 |  |  |
| 原理 | 面的延展与平整 | |
| 特征 | 通过建筑几何形体的完整与简洁转移了对表皮单元形式的关注 | |

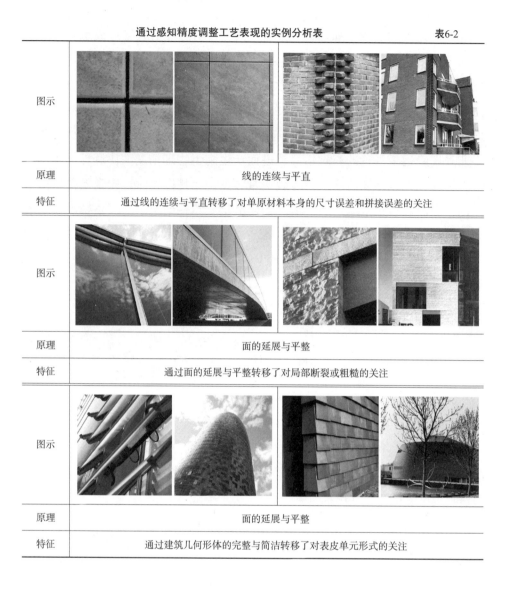

（3）当代技术体系下的精度问题

根据上述精度概念，在当下的工程技术体系下，笔者分别对建筑的构件精度、组装精度和人类感知精度三者进行了对比研究。

- 加工精度

当代工业加工的精度具备相当高的水平，根据《机械加工工艺技术手册》提供的数据，最精细的加工方法可以达到0.001mm级，最粗糙的加工方法也可以实现1.5mm级的加工精度[62]87。机械工业时期各种加工方法的加工误差范围详见表6-3。

**各种加工方法的加工误差表**　　　　**表6-3**

| 加工方法 | 公差等级 IT | | | | | | | | | | | | | | | | |
|---|---|---|---|---|---|---|---|---|---|---|---|---|---|---|---|---|---|
| | | | | | | | | | | | 0 | 1 | 2 | 3 | 4 | 5 | 6 |
| 研磨 | ■ | ■ | ■ | ■ | ■ | ■ | | | | | | | | | | | |
| 珩磨 | | | | | ■ | ■ | ■ | | | | | | | | | | |
| 内外圆磨削 | | | | | | ■ | ■ | ■ | ■ | | | | | | | | |
| 平面磨削 | | | | | | ■ | ■ | ■ | ■ | | | | | | | | |
| 金刚石车削 | | | | | | ■ | ■ | ■ | | | | | | | | | |
| 金刚石镗削 | | | | | | ■ | ■ | ■ | | | | | | | | | |
| 拉削 | | | | | | ■ | ■ | ■ | ■ | | | | | | | | |
| 铰孔 | | | | | | | ■ | ■ | ■ | ■ | ■ | | | | | | |
| 车削 | | | | | | | | ■ | ■ | ■ | ■ | ■ | | | | | |
| 镗削 | | | | | | | | ■ | ■ | ■ | ■ | ■ | | | | | |
| 铣削 | | | | | | | | | ■ | ■ | ■ | ■ | | | | | |
| 刨削、插削 | | | | | | | | | | | ■ | ■ | | | | | |
| 钻孔 | | | | | | | | | | | ■ | ■ | ■ | ■ | | | |
| 滚压、挤压 | | | | | | | | | | | ■ | ■ | | | | | |
| 冲压 | | | | | | | | | | | ■ | ■ | ■ | ■ | ■ | | |
| 压铸 | | | | | | | | | | | | ■ | ■ | ■ | ■ | | |
| 粉末冶金成形 | | | | | | | ■ | ■ | ■ | | | | | | | | |
| 粉末冶金烧结 | | | | | | | | ■ | ■ | ■ | ■ | | | | | | |
| 砂型铸造、气割 | | | | | | | | | | | | | | | | | ■ |
| 锻造 | | | | | | | | | | | | | | | | ■ | |

- 建筑构件组装精度

世界各国根据本国的工程技术水平制定不同的组装精度标准，在设计、施工、验收等环节对建筑的质量进行控制。根据“中华人民共和国工程质量检验标准”提供的技术数据，建筑构件的组装精度要求见表 6-4。

**混凝土建筑构件的安装允许偏差** **表6-4**

| 项目 | | | 允许偏差（mm） |
|---|---|---|---|
| 杯形基础 | 中心线对轴线位置偏移 | | 10 |
| | 杯底安装标高 | | –10 |
| 柱 | 中心线对定位轴线位置偏移 | | 5 |
| | 上下柱接口中心线位置偏移 | | 3 |
| | 垂直度 | ≤ 5m | 5 |
| | | ＞ 5m | 10 |
| | | ≥ 10m 多节柱 | 1/1000 柱高且不大于 20 |
| | 牛腿上表面和柱顶标高 | ≤ 5m | –5 |
| | | ＞ 5m | –8 |
| 梁 | 中心线对定位轴线位置偏移 | | –5 |
| | 梁上表面标高 | | 5 |
| 屋架 | 下弦中心线对定位轴线位置偏移 | | 5 |
| | 垂直度 | 桁架拱形屋架 | 1/250 屋架高 |
| | | 薄腹梁 | 5 |
| 天窗架 | 构件中心线对定位轴线位置偏移 | | 5 |
| | 垂直度 | | 1/300 天窗架高 |
| 托架梁 | 底座中心线对定位轴线位置偏移 | | 5 |
| | 垂直度 | | 10 |
| 板 | 相邻板下表面平整度 | 抹灰 | 5 |
| | | 不抹灰 | 3 |
| 楼梯阳台 | 水平位置偏移 | | 10 |
| | 标高 | | ± 5 |

资料来源：中华人民共和国原城乡建设环境保护部 . GB 50164-92. 混凝土质量控制标准 . 北京：中国标准出版社，2002:121.

从表中数据可知，混凝土构件安装的允许偏差以毫米为计数单位，偏差范围为 3~10mm[64]121。理论上讲，这种偏差是人的视觉生理条件可以感知到的。

**钢结构建筑构件安装允许偏差** 表6-5

| | 项目 | | | 允许偏差（mm） |
|---|---|---|---|---|
| 钢结构主体与围护结构系统安装的允许偏差 | 柱 | 柱中心线与定位轴线偏移 | | 5 |
| | | 柱基准点标高 | 有吊车梁 | （+3）~（–5） |
| | | | 无吊车梁 | （+5）~（–8） |
| | | 单层柱垂直度 | H ≤ 10m | 10 |
| | | | H ＞ 10m | H/1000 且不大于 25 |
| | | 多节柱垂直度 | 底层柱 | 10 |
| | | | 顶层柱 | 35 |
| | 屋架纵横梁 | 桁架弦杆在相邻节点间平直度 | | 1/1000 且不大于 5 |
| | | 檩条间距 | | ± 5 |
| | | 垂直度 | | h/250 且不大于 15 |
| | | 侧向弯曲 | | L/1000 且不大于 10 |
| 吊车梁安装的允许偏差 | 跨间同一横截面内吊车梁顶面高差 | | 在支座处 | 10 |
| | | | 在其他处 | 15 |
| | 在房间跨间任一截面的跨距 | | | ± 10 |
| | 垂直度 | | | H/500 |
| | 上表面标高 | | | ± 5 |
| | 相邻两柱间梁面高差 | | | L/1500 且不大于 10 |
| | 接头部位中心错位 | | | 3 |
| | 制动板表面平直度（/m） | | | 3 |
| | 制动梁弦杆在相邻节点间平直度 | | | l/1000 且不大于 5 |
| | 侧向弯曲 | | | L/1000 且不大于 10 |
| | 中心线对牛腿中心线偏移 | | | ± 5 |
| 固定式钢梯、栏杆、平台安装偏差 | 平台标高 | | | ± 10 |
| | 平台梁水平度 | | | L/1000 且不大于 20 |
| | 平台支柱垂直度 | | | L/1000 且不大于 15 |
| | 承重平台梁侧向弯曲 | | | L/1000 且不大于 10 |
| | 承重平台梁垂直度 | | | L/1000 且不大于 15 |
| | 直梯垂直度 | | | L/1000 且不大于 15 |

数据来源：沈祖炎．钢结构制作安装手册．北京：中国建筑工业出版社，1998:59.

钢结构是工业技术体系下与机械加工技术结合最密切的建筑工艺方式。钢结构建筑的构件由工厂生产后运送到施工现场进行拼装。表 6-5 是我国《钢结构质量控制标准》中对于钢结构建筑构件安装允许偏差的规定。

从表 6-4 和表 6-5 中的数据可知，钢结构构件安装的允许偏差与混凝土建筑构件安装允许偏差相近，偏差范围为 3~10mm[65]59。

然而，从人体生理机能的研究数据来看，一个健康的人所能够感知到的误差范围是 2~0.14mm[41]56。由此可见，工业技术体系下，单项构件加工精度不是造成建筑工艺表现粗糙的主要因素，而建筑构件组装时的误差却远远超过了人体生理机能决定的精度感知范围，因此组装环节成为建筑工艺系统精度控制的关键。

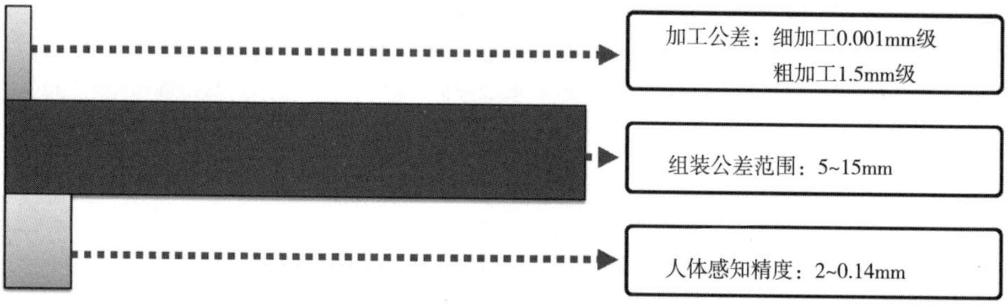


图 6-2　建筑误差范围比较示意图

### 6.2.2　细部设计

巧妙的建筑细部设计、精益求精的做工历来是评判建筑工艺技术表达的主要标准之一，是高品质建筑设计的核心问题。机械工艺日趋成熟的今天，先进的加工技术与材料科学能够基本上保证建筑形式的精准实现，例如平直的建筑边界、光滑的幕墙体系、复杂的立面纹样等等；单一性的功能细部已经实现了工业化生产，例如建筑门窗的设计与生产、建筑幕墙体系的设计与安装等等。建筑师在进行建筑设计时越来越关注建筑的系统性与整体性。这种有机体的整合要求建筑的细部设计同样打破技术的壁垒、弥合技术与艺术的鸿沟，兼顾视觉细部、功能细部、结构细部等多方面需求。当代工艺技术支持下，建筑的细部设计逐渐呈现出整合的特征。

（1）技术与技术的整合

建筑是很多复杂的技术体系的综合。特别是现代主义建筑以来，建筑的工程性日渐突出，建筑系统中各子系统越来越专业化，建筑活动需要不同专业的工程师协作完成。特别是在大型建筑的设计与建造过程中，建筑、结构、设备、电气、施工等各专业分工明确，工程师各司其职，建筑子系统被分隔成若干独立的技术单元。尽管这种技术划分曾经带来了生产效率和专业技术水准的提升，但是从宏观的建筑角度而言也造成了各技术单元之间整体性的欠缺，特别是技术单元之间的“灰色领域”往往成为建筑设计中问题频发的区域。应对上述实践问题，“整合”成为当代建筑技术发展的趋势。这一趋势具体落实到技术层面除了系统设计的整合外，细部设计的整合则更有针对性和实效性地改变着建筑作品给使用者带来的视觉与感官体验。

从当前建筑实践中，细部的整合主要体现在表皮体系与节能技术、围护体系与设备体系、材料科学与构造设计等方面的整合。

表皮体系与节能技术的整合是随着环境与能源问题的凸显而逐渐兴起的技术整合模式，例如建筑外围护材料与保温材料的整合、双层玻璃幕墙与通风技术的整合、太阳能集热技术与建筑表皮的整合、建筑表皮构件与光控技术的整合等等。最典型的案例是智能幕墙的设计。智能幕墙由内外两层立面构造组成，两层立面之间为空气缓冲层。立面设有可控制的进风口、排风口、遮阳板和百叶等，空气在缓冲层流动状态达到抵御外部温度变化的作用。这一细部设计从节能角度出发，在幕墙设计的基础上融合了遮阳、通风等功能，强化了幕墙体系的环保作用。在基本构造改变的同时，幕墙的形式也随之变化，进而形成风格独特的建筑立面形式。

围护体系与空调系统、给排水系统等巧妙地整合使建筑的空间形式趋于完整，一方面极大地增强了纯粹的简洁的建筑空间形体的表现力，另一方面也表

图 6-3　智能幕墙体系（图片来源：http://china.makepolo.com/product-picture/100316466443_0.html）

现出建筑构件生产工艺的精良。这里以德国艾森管理与设计学校立面为例。建筑师希望将艾森管理与设计学校设计成为一个具有纪念性、单纯的立方体。为了实现建筑形体和空间的单纯,该建筑的围护体系融合了采暖系统和排水系统。300mm 厚的混凝土墙，距墙外表皮与内表皮约 50mm 处铺设钢筋，保证外围护墙体的力学性能；在两层钢筋中间 200mm 的间层内铺设直径约为 20 的热水管作为建筑的采暖系统；窗台处设计有隐形的排水口，通过埋置于墙体内部的排水管将雨水导入排水沟。薄薄的 300mm 厚墙体，在工业技术的支撑下整合了采暖与排水设备，完整地表达了建筑师所追求的简洁、纯粹的建筑形体特征。

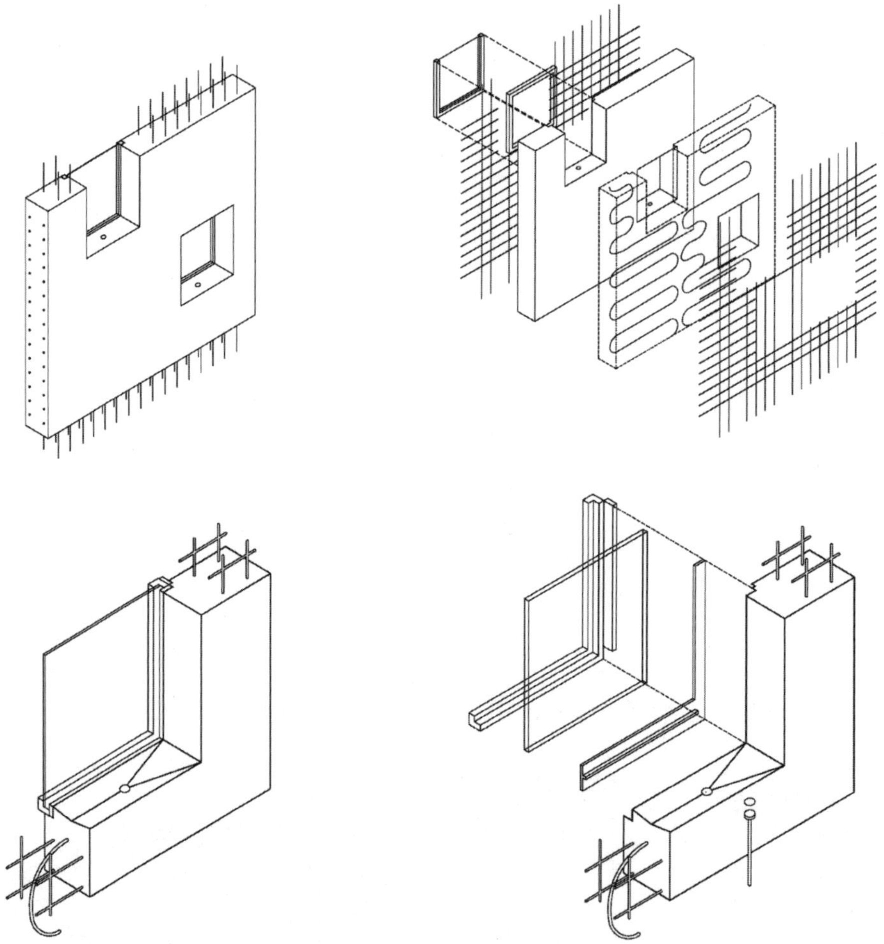

图 6-4　德国艾森管理与设计学校围护结构细部设计

随着材料科学的发展，新材料与建筑构造方式进一步整合。这种整合一方面强化了原有构造节点的坚固性与耐久性、连接方式的灵活性、使用的便捷性，另一方面也使安装与施工变得更加简单。特别是 3D 打印技术与高强度树脂材料的出现，创造了许多新的建筑构造模式。这里以代尔夫特理工大学建筑技术教研室研发的插接构件为例。构件采用高强度树脂材料，通过3D打印成与结构杆件相匹配的各种形态的节点。结构杆件只需要用插接的方式通过节点逐一连接起来便可以实现设计的力学性能。实验表明，由于3D打印构件的整体性好、强度大，这种构件所连接的结构在力学性能方面优于焊接或铆接等节点技术。尽管这一技术还处于实验阶段，但是各项实验的成功足可以给建筑师创造更丰富的建筑空间带来足够的信心。

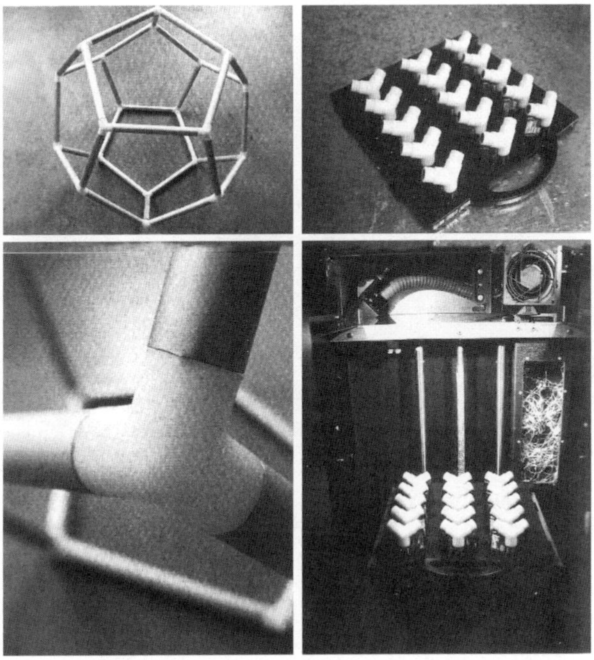

图6-5　代尔夫特理工大学建筑技术教研室研发的3D打印插接构件[179]

（2）技术与艺术的整合

建筑是技术与艺术的综合体。在细部设计中实现技术与艺术的整合主要有以下途径：形式逻辑的整合、构造方式的整合、技术形式与文化氛围的整合。

技术为建筑的形式表达提供基本支撑。当细节具有技术意义或者功能价值时会给形式表达带来更加深刻的意义，增强设计作品的活力。这种富有技术意义或功能价值的建筑细部也成为当代建筑高品质的最明显特征之一，是每一位成熟建筑师孜孜以求的目标。近年来，国内建筑领域越来越关注这种细节的追求与创新，其中凤凰中心的结构设计与形式逻辑的整合是较为成功的案例之一。凤凰中心形式灵感来源于莫比乌斯环，为了更好地表现建筑空间形体的连续扭动特征，设计团队根据莫比乌斯环的几何逻辑定制了一套融合结构力学和美学表现力的全新结构体系——双向叠合网格结构。外壳钢结构沿建筑形体的三维控制线形成，在承担自重的同时为两座主体建筑提供了舒适的内部无柱空间。为了提升建筑的美学表现力，设计将双向叠合钢结构梁通过交叉点的连杆侧向连接，形成主次钢结构梁分离的空间效果。内外钢梁之间的空间被用来安装幕墙系统,外钢梁同时具有遮阳与雨水收集功能。基于这样独特的结构体系创新，使外壳钢结构本身就成为一件具有表现力的艺术品。

图 6-6　凤凰中心实景照片

（图片来源：北京市建筑设计研究院有限公司邵韦平提供）

图 6-7　双向叠合网格结构体系

（图片来源：北京市建筑设计研究院有限公司邵韦平提供）

整合技术与艺术的另一个主要方法是构造方式的艺术化处理。建筑构造设计由于其在很大程度上与构件的生产工艺相关，将建筑形体要求与生产工艺的技术特征结合起来进行设计，能够赋予建筑与其形体特征相适宜的肌理。同样以凤凰中心为例，由于凤凰中心形体特征为复杂的非线性体，因此幕墙表皮部分也必须呈现连续的条状曲面形态。为了增加构造设计的可操作性，设计师放弃了复杂的自由曲面通常的处理方法，独创性地提出了单向非连续折板透明幕墙概念。单向非连续折板透明幕墙通过折板体块首尾相接的组合方式来弥合条状的自由曲面表皮，它是通过在自由曲面上主肋控制线与玻璃单元控制线的交点捕捉四个控制点，然后根据已知的四个控制点求得与自由曲面的法线关系，并生成两个直角折面，直角折面的两侧被由三点控制的平面封堵。成直角的两个折面中，大面为透明玻璃板，小面为可开启的活动窗，两侧为固定实板，这种折板体块单元全部是由平板材料组成，极大地提高了建造的可操作性，同时又具有完美的艺术效果。

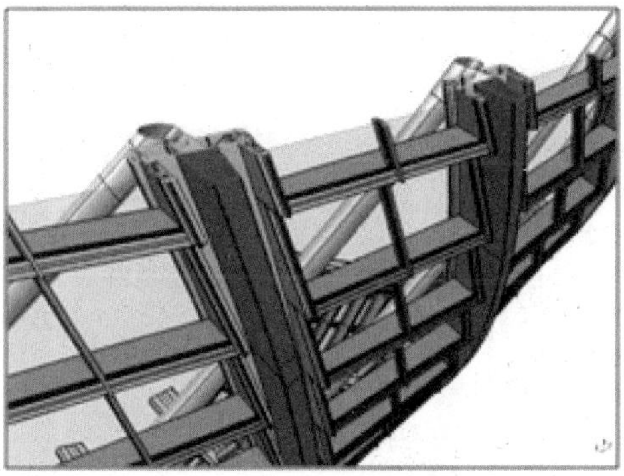

图 6-8　单向非连续折板玻璃幕墙构造模型
（图片来源：北京市建筑设计研究院有限公司邵韦平提供）

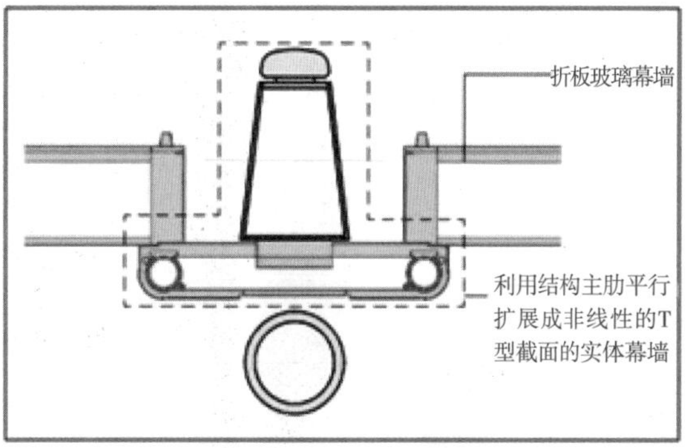


图 6-9　单向非连续折板玻璃幕墙构造节点
（图片来源：北京市建筑设计研究院有限公司邵韦平提供）

图 6-10　弥合自由曲面的单向非连续折板玻璃幕墙系统
（图片来源：北京市建筑设计研究院有限公司邵韦平提供）

通过技术处理营造文化氛围是建筑工艺追求的最高境界。对于传统建筑而言，其文化特征表象地体现在手工工艺的直观形式上，这些表达形式由于长时间地域习俗、文化活动、历史事件的作用逐渐被赋予了内在的含义。现代主义建筑以来，由于技术的进步，光滑靓丽的装饰构造往往隐藏了许多复杂的工艺节点，使建筑形式逐渐趋于简单。这里并不是说简单的形式缺乏文化含义，但是单纯以隐藏缺陷为目的的简单处理是现代主义建筑被世人诟病“没文化”的关键所在。基于这种情况，许多建筑师尝试着用现代的技术手段来重构传统文化的特征，赋予传统形式语言新的生命力。最典型的建筑案例是让·努维尔设计的阿拉伯世界文化中心立面。设计师让·努维尔从照相机的光圈获得灵感，在南立面设计了可开合的光圈单元。光圈单元的金属构件通过内部的机械系统控制，可以根据天气的阴晴调节进入室内的光线。光圈单元本身就像一个精致的仪器，若干光圈单元组合在一起，灵动而不失严谨，营造出了清真寺建筑特有的镂空雕刻窗的光影效果。

（3）传统意境与现代工艺的整合

将现代工艺技术与传统的技法或具有地域特征的材料整合在一起进行设计，通过重构传统工艺技术来塑造新的具有地域文化特征的建筑细部，是当代人文主义建筑设计的主要方法之一。这种设计方法源自肯尼斯·弗兰姆普顿

图 6-11 阿拉伯世界文化中心立面细部设计

（Kenneth Frampton）① 提出的将建筑视为一种建造艺术的"本体"的观点[25]10-15，认为通过工艺技法的整合与传统材料的整合，对传统工艺进行"文化再现"是保持建筑本体文化活力，重塑传统特征的主要途径。

现代工艺与传统技法的整合最常见的有编织、砌筑等。

编织是传统的手工技艺之一。传统的织物，无论是衣物、锦缎还是竹篓、草席都是一个地方最具特色的手工艺品，体现着最典型的传统纹样，饱含着地方性的生活气息。将编织工艺作为设计灵感，进行创作，用建筑语汇来还原编织工艺的细节与精巧，不仅能够重塑具有历史感的建筑形式，更能够将编织所反应地方性生活习俗映射到建筑之中。日本建筑师坂茂设计的 2000 年汉诺威世博会日本馆，就将"编织"的概念引入了建筑设计。坂茂从材料和结构的特性出发，用 440 根直径 12.5cm 的纸筒呈网状交织而成巨大的曲面结构体系，外罩舒缓的曲面织物及纸膜，屋顶与墙身浑然一体。该建筑通过"编织结构"的细部特征，在一个毫无地域要素的外部形体中营造了独具东方韵味的建筑内空间。

砌筑是手工艺时代最常见的建造方式，因此砖砌建筑是许多地方传统建筑的典型代表。在建造过程中，由于砌筑方式不同塑造了具有地方特征的单元块叠合样式、空间特征以及建筑边角的特殊处理技巧。这些特征代代相传，成为了砖砌建筑文化的外在表现。然而，随着现代材料、现代工艺技术的逐

① 肯尼斯·弗兰姆普顿（Kenneth Frampton），建筑历史学家、建筑评论家，建筑规划研究生院威尔讲席教授。他曾先后任教于伦敦皇家艺术学院，苏黎世理工大学，阿姆斯特丹伯拉杰学院，瑞士洛桑联邦理工大学及弗吉尼亚大学。

图 6-12　2000 年汉诺威世博会日本馆

（http://www.hhhtnews.com/2014/0414/1579950-3.shtml）

渐成熟，砌筑对于建造的技术价值逐渐削弱，而砌筑工艺所塑造的独特形式逐渐成为建筑文化性的体现。董豫赣设计的红砖美术馆就是通过再现砌筑工艺独有的拱券、转角、砌筑纹样塑造了既具传统特征又能够满足当代功能要求的文化性建筑。

现代工艺与传统材料的整合通常会融合在技法整合之中，当然如果没有技法整合单纯地引入传统材料要素也能够直接地表达建筑的文化含义。建筑师王澍设计的中国美术学院象山校区就是将竹子、瓦砾、青砖等传统材料与混凝土结合在一起，配合回廊、天井、院落等具有中国传统民居特色的建筑空间，塑造了具有中国传统韵味的现代校园建筑。

当然，细部的整合不仅仅局限在上述几个方面，更多的可能性需要各专业工程师在建筑活动中共同探索，由技术整合诱导出具有创新性的建筑空间形式，进而赋予新建筑更加持久的生命力。

图 6-13　红砖美术馆细部

图 6-14　中国美术学院象山校区

## 6.3　当代高品质建筑案例

高品质的建筑在不同的时代具有不同的表达方式。高品质的建筑是在特定技术条件、社会环境、时代背景下适宜的建造工艺的极致发挥，并且工艺所呈现出的形式特征能满足观赏者在真实性、优美感、崇高感等方面的需求，能够激起观者在情感上的共鸣。这里以彼得·卒姆托设计的科伦巴博物馆为案例，对于当代高品质建筑的特征进行具体的分析。

### 6.3.1　建筑概况

科伦巴博物馆位于德国南部科隆市老城中心区，南邻吕布肯大街，距离科隆教堂 1.5km，如图 6-15 所示。基地是科隆市民最主要的礼拜场所——一座数有百年历史的教堂遗址。原教堂兴建于公元 6 世纪，之后随着罗马帝国的灭亡教堂被废弃，仅有祭坛部分得以保存。公元 11 世纪，教堂原址复建，新建教堂为希腊十字的天主教堂。公元 13 世纪，在原天主教堂基础上加建为拉丁十字式的基督教堂。一战期间，该城市被法国占领，教堂也由法国基督教会代为管理。二战期间，教堂被炸，仅留下部分残垣断壁。科伦巴博物馆的选址正是该教堂的遗址。

建筑的环境条件决定了任何一种新的形式语言都会在古老和富有争议的历史面前失去意义。在当代，小镇的居民更希望建筑师能够以一种中立的态度来修建一个城市历史的博物馆。

今天德国建筑业和制造业的精工细作在世界上首屈一指，这成为了德国建筑的标志，也为建筑师提供了一条通过建筑工艺的精巧别致来塑造建筑美感的思路。因而，科伦巴博物馆并没有过多形式上的象征或比附，建筑师将更多的

图 6-15　科伦巴博物馆鸟瞰

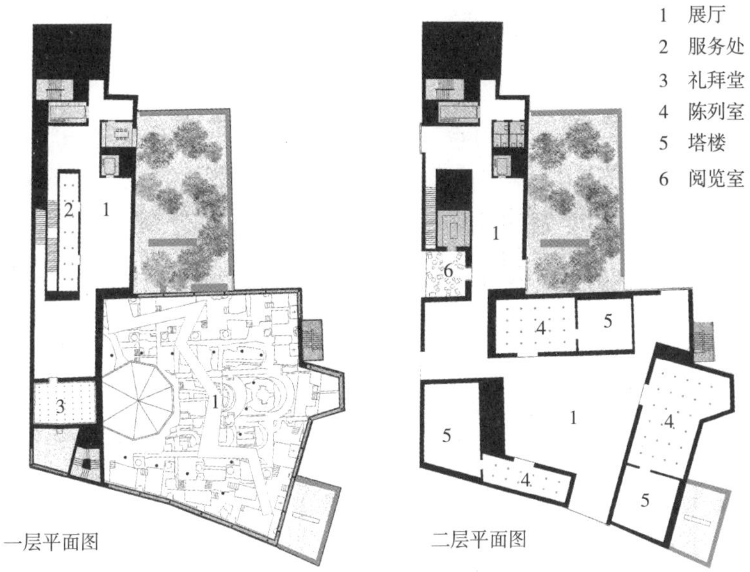


图 6-16　科伦巴博物馆平面图（图片来源：代尔夫特理工大学陈苑苑提供）

精力投入到新老建筑工艺表现的融合方面。

### 6.3.2　建筑师：彼得·卒姆托

科伦巴博物馆的建筑师是瑞士人彼得·卒姆托。他 1943 年出生于瑞士巴塞尔，曾经接受过木工训练，在巴塞尔艺术与工艺学校和纽约普拉特学院分别接受了建筑师的训练，1979 年开始在瑞士哈登斯泰因开办建筑事务所，2009 年获得普利兹克建筑奖。

卒姆托信奉建筑本体论，在他看来建筑中最重要、最大的奥秘就是“它汇集各种东西、各种材料并把它们结合起来，创造了迷人的空间。”[60]29 卒姆托的作品与其说是设计，不如说是对隐匿在材料本体、材料与材料的连接节点中的自然美的释放。科伦巴博物馆是卒姆托 1997 年通过国际竞赛赢得的设计项目，项目从参与投标到建成历时 10 年。建筑在材料、工法、结构、细部等方面的精工细作流露出一种严谨的、高贵的、优雅的工艺之美。

### 6.3.3　建筑材料：科伦巴砖

卒姆托在古老教堂的遗址处修建了一个全新的建筑，从最表观的印象来看，选择与原有建筑的残垣断壁的颜色、质感和尺寸相适应的材料进行建造成为建筑工艺表现的基础环节。

为了选择与古老的教堂残垣相协调的建筑材料，卒姆托走访了许多材料生产厂家，最后他与瑞士的彼得森（Petersen）砖制品厂进行合作，专门为该建筑开发了一种新型材料——科伦巴砖（Kolumba Brick），如表 6-6 所示。在材料烧制过程中，工匠通过控制砖窑内的进气量来调整材料颜色，使新材料的色泽柔和、质感自然，与老建筑的石材保持协调又不失新意。在材料尺寸方面，建筑师将科伦巴砖的尺寸设计为 53cm × 11cm × 3.8cm，三块砖砌筑的高度（包括灰缝的厚度）正好等于一块老教堂石材的尺寸。这样，在古教堂的遗址上加建的新建筑可以通过材料的模数关系进行协调，新建筑犹如从古老的教堂遗址上生长出来一般。

**科伦巴砖的基本属性列表**　　**表6-6**

| 科伦巴博物馆所选材料——科伦巴砖 K51 | | |
|---|---|---|
| 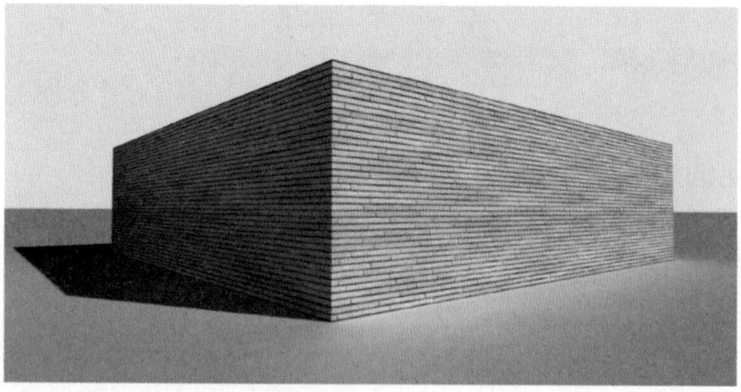 | 颜色 | 亮灰色 |
| | 长度 | 52.832cm |
| | 宽度 | 10.922cm |
| | 厚度 | 3.81cm |
| | 重量（块） | 3.75 kg |
| | 原材料 | 丹麦黏土 |
| | 密度 | 1650 kg/m³ |
| | 抗压强度 | 25 N/mm² |
| | 含水率 | 16% |

资料来源：Petersen. Kolumba[P/OL]. [2010-09-10]. http://en.petersen-kolumba.dk/products.aspx.

### 6.3.4　工法特征：砖砌筑的诗意

（1）神秘的钢结构

该建筑结构方式为钢骨架外包双层砖墙，钢骨架作为主要承重结构。圆形钢柱通过在原有建筑的墙垣上打洞的方式直接深入地下的基础部分，向下传递建筑重力。砖墙主要作为建筑的围护与装饰体系，砖墙为双层构造，两层墙体中间的空腔中隐藏着钢结构骨架。建筑每隔 2.4m 高处有一根隐藏在双层墙体中间的钢梁，承担上部的砖墙重量。钢结构骨架与双层砖墙相结合，既保证了建筑结构的稳定性，又使新老建筑在工艺表现上具有延续性。

（2）材料的编织

建筑砖砌工艺为横砖平砌，其中对建筑工艺表现影响最大的砌筑工法有两种，一种是在新建墙体与原有残垣断壁的交界处，另一种是镂空双层墙体的砌筑方式。

新建墙体与原有残垣断壁的交界处采用“形式相似”方法进行“织补”式砌筑。三块新砖的厚度对应一块原有墙体的石材，接缝处用灰浆抹平。新老墙体通过材料模数自然过渡，既保留了原有建筑的材料特征，又在外观形式上有着鲜明的区别，如图 6-17 所示。

图 6-17　科伦巴砖与老教堂的石材交界处构造示意图

镂空的双层墙体是该建筑最精彩的部分。镂空的砖墙减弱了砖砌墙体的闭塞感，给建筑工艺表现带来了生动的光影效果。阳光透过镂空墙体映射到建筑内部，星星点点地洒在原有教堂的遗址上，营造出一种神秘而又久远的氛围。镂空砖墙的具体砌筑工法是用横砖编织成镂空网格，砖的排列方式采取不规则错列式，具体位置由建筑师手工排列确定。每砌 12 皮砖设一条砖带，起到拉结内外墙体的作用。外层砖墙的镂空网格与内层砖墙的镂空网格错层对位，以防止雨水灌入，如图 6-18 所示。

图 6-18　科伦巴博物馆镂空砖墙做法示意图　（图片来源：代尔夫特理工大学陈苑苑提供）

新建筑犹如在原有的教堂遗迹上织补而成，老教堂在交错的砖块之间获得了新生。

### 6.3.5　细部设计：大象无形的细部

建筑师对细部的推敲使得科伦巴博物馆建筑具有独特的德国气质。

（1）水平与垂直的界限

建筑师在设计中追求材料上浑然一体的纯粹与朴素，地板与主要墙体都采用了素混凝土材料。但是，为了避免同质材料在建筑空间的表达上模糊不清，建筑师在建筑所有的水平面（地板和楼板）与垂直面（主要指墙）的交接处都设计了 2cm 宽的开缝。这条缝隙清晰地划分了水平和垂直两个维度的界限，限定了空间延展的方向，如图 6-19 所示。

（2）无边的窗口

建筑师希望该博物馆不仅仅是艺术作品展示的舞台，同时也希望它能够成为城市的展览馆，因而设计了悬挂于墙体之外的外窗细部，从室内看不到窗框，窗户就像一个巨大的洞口。这种细部设计拉近了建筑内部参观者与城市的距离。从室外看上去，完整的窗框悬挂于墙体之外，与建筑立面形成黄金比例，进而也成为了立面的活跃要素，如图 6-20 所示。

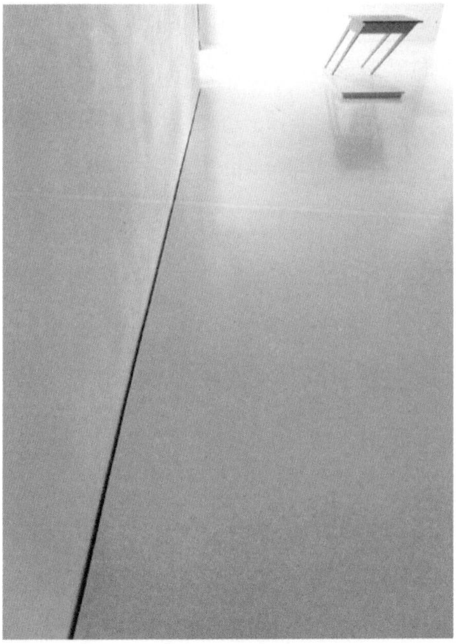

图 6-19 墙面与地面交接

图 6-20 窗的细部

（3）转折的处理

建筑师在空间功能发生转折的地方，相应地设计了材料的变化。如图 6-21 所示为大厅和楼梯部位的转折。大厅的材料延用外墙材料——科伦巴砖，当空间转换到楼梯处时，楼梯两侧墙体的材料变成素混凝土。建筑师通过这种材料的转换，来暗示空间的变换。

图 6-21 转角材料转换

### 6.3.6 整体意境：历史遗迹的新生

科伦巴博物馆给人留下的最深的印象除了前面所谈及的精工细作外，还有建筑的整体意境。建筑师通过光影、环境等要素营造出了一个既神秘又亲切、既高雅又朴实的建筑意境。

（1）光影的魅惑

建筑一层的展厅部分，四周没有大面积开窗，室内光环境幽暗深沉，在展厅的外墙上留有砖砌镂空花墙的孔洞。阳光透过孔洞射入幽暗的室内，窸窸窣窣地洒在古教堂的遗址上，使观者产生了一种时空逆转的错觉，仿佛回到了古老而又神秘的历史中，如图 6-22 所示。一层与二层展厅之间的过渡空间是一个狭窄而又悠长的楼梯。建筑师在这个有充足条件进行自然采光的地方没有开设一个窗口，刻意保持了过渡空间在建筑整体空间意境中的次要位置。楼梯尽端处是一个小厅，设有一扇落地大窗，开阔的视野和明亮的阳光一下子将观者从历史的凝思中带回到了当下，如图 6-23 所示。建筑师通过光线变化与空间形式的巧妙配合，完美地阐释了该建筑的纪念意义与展示功能，给观者以视觉上的愉悦。

（2）环境的配合

建筑东侧是一处室外庭院，院子里白色卵石铺地，中央放置了一个颇有后现代意味的雕塑，墙根处摆放了几把极简单的椅子，墙角处有一颗高挺但枝叶稀疏的柏树。在此静坐，喧嚣的人群和繁忙的车辆全部被阻挡在围墙之外，似乎一切都变得静止了，只有偶尔摆动的树枝。在这里，人的心灵回归到一种没有物欲的自然状态。建筑师通过庭院的景观设计为观者营造了一个回归自然、放松心灵的场所，使整个建筑在严谨的人工工艺表现中得到一丝放松，如图 6-24 所示。

图 6-22　一层展厅

图 6-23　过渡空间

图 6-24　室外庭院

# 第 7 章　中国建筑品质现状

中国近现代建筑萌芽于清朝末年，在其发展过程中经历了洋务运动、战乱、经济困难、政治运动、改革开放等一系列社会政治格局的变化。复杂的社会背景与相对滞后的工业技术发展共同造成了中国近现代建筑发展内在动力不足。近年来，随着我国现代主义建筑理论研究的不断完善和建筑创作理性化的趋势，学界对于建筑实践中曾经出现过的无目的的形式主义进行了反思。面对当前城市中存在的大量外表时尚而工艺粗糙的建筑，建筑师和学者们围绕以下问题展开了热烈讨论：中国建筑发展过程中存在哪些影响建筑品质的因素？如何在进一步发展中提高建筑品质？

## 7.1　中国建筑品质现状的历史溯源

中国近现代建筑的迅速发展的确令业界瞠目，然而在高速发展过程中也表现出工艺延续性弱、政治因素影响力强、内在发展动力匮乏、建筑技术体系单一等问题，这些问题在很大程度上造成了今天中国建筑发展的瓶颈。

### 7.1.1　工艺表达缺失

工艺表达通常是通过材料的选择、符合材料属性的具体工法以及材料之间的搭配来突出材料特征、材料的真实属性以及工艺水平的表现方式。由于材料基本属性明确，其表观属性表达和力学性能表达具有鲜明的特征，而且这种特征不会因为外界环境和大众审美的改变而变化。尽管各栋建筑在形式上并无统一的要求，但材料相同、工艺方式相近的建筑则必然表现出清晰的传承关系。对于工艺表达而言，最重要的环节是建筑师对于工艺细部的设计，而细部设计中最主要的一部分内容就是从功能、美学角度对构造节点进行设计，以此保证建筑意向落实到技术层面，并且准确地表达出来。图 7-1 与图 7-2 是两组不同细部设计的对比。图 7-1 是台阶副子的工艺表达方式，前者由整块石材打磨而成，以副子中线为脊线向两侧做微坡处理，既满足了安全与排水的功能需求，同时也是较为精彩的工艺表达。后者则简单地在毛石副子上铺了一层抛光大理石，虽然这样的工艺处理能够满足同样的功能要求，但是其外在表达却略显粗陋。图 7-2 是一组水池的工艺表达，前者是前文提到的台湾涵碧楼宾馆游泳池。为了使泳池的水面与远处日月潭的湖面连成一体，营造水天相连的景致，水池边缘进行了精心的细部设计（前文有描述）。而后者同为水池，柱子立于池中，踢脚处简单地贴了一圈瓷砖。这一工艺表达不仅没有突出水面的作用同时也使柱子略显粗笨。从这两组实际案例可以看出，工艺表达是塑造建筑形式、营造建筑氛围最基本的环节。

纵观中国近现代建筑 80 多年的发展历程，建筑师对于工艺表现的重视不够，一些建筑师没有抓住工艺技术这一内在原则进行创作，仅仅是在表面形式上进行模仿，这造成了建筑形式变化多样但却难以准确地落实到建筑工程中。

**图 7-1　石材台阶副子工艺对比**（图片来源：清华大学建筑学院秦佑国教授提供）

**图 7-2　水池细部处理对比**（图片来源：清华大学建筑学院秦佑国教授提供）

如果建筑师能够将注意力集中到工艺方面，探讨与时代发展、经济水平、技术特征相适应的工艺表达，不仅会提升中国当代建筑的整体水平，同时也会因为地方的基本环境差异而突显出不同的地域性建筑特色。这些基本环境因素、技术特征的表现正是建筑品质所需要的真实性表达的基本内容，它不仅仅是形式上的真实性，更重要的是对于时代综合状况的真实反映。因而，工艺表达的缺失是我国建筑发展亟待解决的问题之一。

### 7.1.2　工艺延续性弱

中国近现代建筑发展过程中，工艺技术体系的延续性较弱。

清末民初传统建造工艺的割裂以及西洋建造工艺的片段式引入。19 世纪末 20 世纪初，西方国家凭借着坚船利炮攻破了中国紧锁的大门。1842 年鸦片战争之后，广州、福州、厦门、宁波、上海、天津、汉口等 16 个城市先后开辟为通商口岸，外国人争先恐后地来到中国淘金。他们为了生活、生产的便利，带来了西方的建筑工艺技术、建筑工匠和西方惯用的建筑材料，在使领区大量修建西式房屋。由于西式房屋有先进的给排水设施、房屋建造结实、居住环境舒适卫生，中国人对洋式建筑趋之若鹜 ①[98]60，因而传统中式建筑的建设量大大减少。本来社会地位就不高的建筑工匠在这种情况下生活窘迫、社会地位更加卑微，许多传统手工艺人被迫转行，传统工艺后继乏人。建筑工艺的状况正如唐文治在为《建筑新法》作的序言所说："神州古籍，蔑视工巧，讳言匠事，周礼冬官大司空之所掌则在建邦之事，独未及百工，鲁班遗书，工家崇为圭臬，而参涉谬妄等于郢书燕说，故百工之业简陋不备，无一可传，殆为神州之绝学矣" [2]183。

尽管当时洋务运动之风盛行，各行各业崇拜西方的工艺和技术，大力倡导"师夷长技以制夷"的方针，然而与普遍进入工业社会的西方先进国家相比，中国的现代工业发展没有经历过启蒙运动的洗礼，缺乏近代科学的理论指导，工业技术基本上是"拿来主义"。工业的落后连带造成了与建筑相关的钢铁、混凝土、玻璃等新材料的生产能力不足，建造工具落后。据统计，1919 年全国经过注册的钢铁工厂仅有 20 家，砖瓦工厂仅有 15 家，玻璃工厂仅有 4 家，水泥、石灰工厂仅有 4 家，而且这些工厂的产品多用于发展军备 [99]157。由于工业基础

① 当时上海时事新报曾经刊载了一篇题为"国人乐住洋式楼房之新趋势"的文章，文中指出"凡欲组织新式小家庭者，又似必须有洋式住房，否则不但在戚友间将失面子，即好美成性之新妇，亦将怫然不悦，着经济不充裕者，宁省其他耗费以赁租租价较昂贵之洋房，否则只赁一层楼或一单房间，亦无妨事，只需其为洋式，亦较胜于宽阔轩敞之旧式住宅也"。

过于薄弱，建筑工艺相关的材料、工具、动力等因素都无法得到保证，许多建筑只是采用了西洋的样式，结构仍然沿用中国民居常用的木骨泥墙。中国建筑业不具备建造西洋式建筑的技术能力，呈现出“百工之业简陋不备”的局面。

而后，战争全面割裂了中国建筑发展的延续性。20 世纪 30 年代起，刚刚开始的中国近现代建筑发展戛然而止。长达 12 年的战争干扰使中国的城市建设和建筑发展停滞，直到新中国建立初期才开始逐渐恢复。

新中国建立初期，建筑并非延续 20 世纪 30 年代时的现代主义萌芽进行发展，而是受到“学习苏联”政治号召的影响，关注社会主义样式，当时修建了一批“社会主义样式建筑”，如北京展览馆。

1978 年中国共产党第十一届三中全会后，国内的工业生产、农业生产、经济发展逐渐得到恢复。工业产品产量和质量均有大幅度提高，与建筑相关的钢、水泥产量跃居世界同类产品产量前列[99]213。工业生产力的大幅提高为建筑工艺的发展提供了新的动力，相关建造技术基本能够满足现代建筑建造的要求。与此同时，不断涌入的国外建筑思想与建筑工艺对中国建筑发展的影响越来越明显，中国建筑才开始了真正意义上的现代主义发展。

在中国近现代建筑发展过程中，与传统工艺的割裂和现代建筑工艺的片段式发展直接导致中国建筑师缺乏对于工艺表现力的深刻理解，只是亦步亦趋地追赶西方先进国家的建筑形式变化，而忽略了建造工艺在建筑表现方面所起到的关键作用，建筑发展偏于形式主义。

### 7.1.3 政治因素影响

政治因素的影响始终贯穿于中国近现代建筑发展的全过程，而这种影响直接通过建筑的形式语言进行表达，这导致早期中国近现代建筑的工艺表现不纯粹。

首先是洋务运动与三民主义思想对于建筑形式的影响。

20 世纪初，洋务运动引入了“物竞天择，适者生存”的思想，国人对于“西技”、“西艺”顶礼膜拜，西学东渐的思想在建筑行业极为普遍。当时，以柳士英为代表的实践建筑师大力推崇古希腊、古罗马的优秀建筑，批评中国传统建筑颓靡不振、民性铺张，新建的建筑多为西洋风格①[2]。1927 年，中华民国政

① 按照王槐荫的描述“人民仿佛受到一种刺激，官民一心，力事改良，官工如各处部院，皆拆旧建新，私工如商铺之房有将大赤金门面拆去，改建洋式者”。

府成立，以“三民主义”作为治国之本，并于1930年提出了“国家至上、民族至上、效能至上”的艺术工作指导原则。与此同时，在国外留学的第一批中国建筑师陆续归国执业。这批建筑师多出身于清末的官宦或知识分子家庭，带有浓重的文人情结与爱国情怀，他们在中国的执业掀起了一阵建设民族形式建筑的热潮，建造了一大批以大屋顶为特征的中式折中主义建筑。

其次，在新中国成立初期阶段，向苏联专家学习的国家政策将建筑发展引向了社会主义形式。1953年10月14日，《人民日报》发表了一篇题为《为确立正确的设计思想而斗争》的社论。社论指出：中国建筑行业需要提高设计水平，改进设计质量，克服设计中的问题，做到这些的基本途径就是向苏联专家学习，建造社会主义样式的建筑①[100]。鉴于这种政治导向，20世纪初期以来所沿袭的欧美样式建筑成为资本主义建筑的代表而受到批判，而斯大林在苏联极端推崇的社会主义样式（也被称为斯大林风格）在各地兴起。

然而，戏剧性的是1953年斯大林去世，1956年赫鲁晓夫在苏联共产党第二十次代表大会上批判了对斯大林的个人崇拜，苏联社会主义样式的建筑作为推崇个人英雄主义的典型代表遭到严厉批评，社会主义样式在中国也随着斯大林时代的结束而销声匿迹。

由此可见，从清朝末年到20世纪中期，长达50年的中国近现代建筑发展基本上是随着政治导向而东摇西摆，缺乏客观、有序的引导。与之相对应的西方现代主义建筑发展过程则主要沿着以技术为主导的理性道路演进，随着工业技术发展、现代材料的开发与使用、结构技术的改进而进步。其中，形式只不过是建筑材料、建造工具、建筑工艺、社会生活等内在因素的外化成果，并非预设目标。

近年来随着中国建筑国际化趋势越来越强，更多详实地记录西方建筑发展过程的资料涌入国内。中国建筑师越来越认识到理性主义创作在现代主义建筑发展过程中的重要性，并开始致力于完善中国建筑发展中的理性主义理论研究工作。然而，相比于100年来建筑发展留下的烙印，完善以工艺技术为核心的理性主义建筑体系还需要很长一段时间。

① 社论原文：“……要提高设计水平，改进设计质量，克服设计中的错误，就必须批判和克服资本主义的设计思想，学习社会主义的设计思想，特别是向苏联专家学习，从检查我们的设计错误、总结我们设计的经验中学习。”

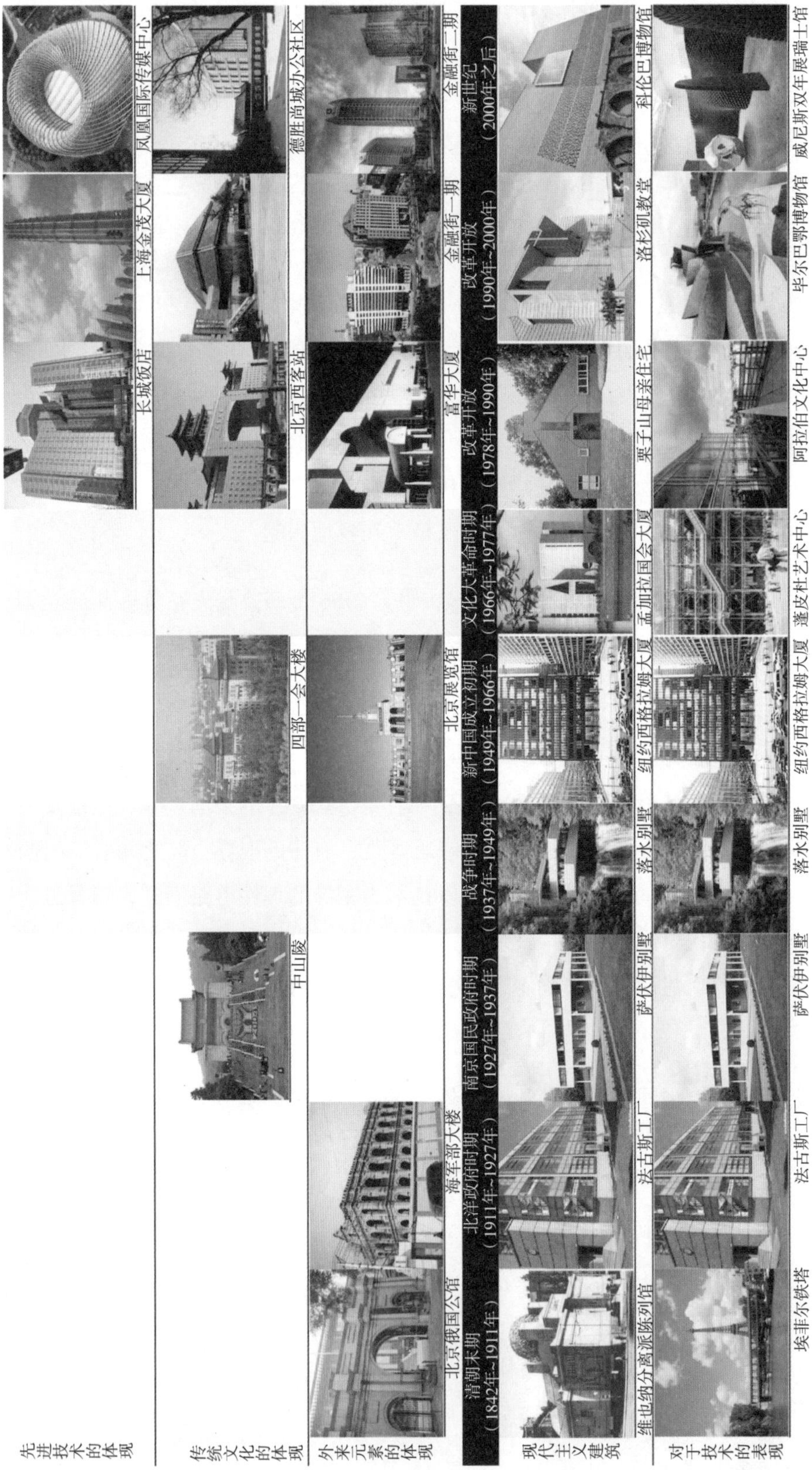


图 7-3　中西现代建筑发展概况对比图录

### 7.1.4 建筑技术体系单一

按照结构体系进行划分，中国近现代早期建筑的技术体系主要分为砖结构和混凝土结构两大类；按照建筑材料进行划分，中国近现代早期建筑最常见的饰面材料便是面砖和涂料。在现代建筑发展过程中与混凝土同时出现的钢材、玻璃等材料及其相关的技术体系在中国现代主义建筑发展之初的使用远不如欧美国家广泛，中国近现代建筑工艺技术体系相对单一。

造成这种技术体系单一的原因主要与三方面因素相关：建筑师所受到的专业教育、建筑行业政策的引导以及不适宜的规范条例。

**建筑系工艺类课程学分比例比较列表** **表7-1**

| | 中央大学<br>1928年 | 东北大学<br>1928年 | 勷勤大学<br>1935年 | 清华大学营建系<br>1949年 | 清华大学建筑学院<br>2009年 |
|---|---|---|---|---|---|
| 比例 | 32% | 21% | 41% | 30% | 21% |
| 结构类 | 工程力学<br>材料力学<br>铁筋三合土<br>结构学 | 应用力学<br>图式力学 | 力学及材料强弱<br>测量 | 力学<br>材料力学<br>结构学 | 建筑技术概论<br>结构力学<br>工程力学<br>建筑结构 |
| 工程安全类 | 供热<br>流通<br>供水<br>电光电线<br>地质学 | 卫生学 | 地基学<br>防空建筑 | 房屋机械设备 | 建筑设备 |
| 材料构造类 | 构造材料<br>材料试验<br>营造法<br>中国营造法 | 营造则例<br>铁石式木工 | 建筑构造学<br>建筑材料及实验<br>钢铁构造<br>钢筋混凝土构造<br>钢筋混凝土原理 | 工程材料<br>钢筋混凝土<br>房屋建造 | 建筑构造1<br>建筑构造2 |
| 施工及法规类 | 建筑师服务<br>经济原理 | 营业法<br>合同 | 施工及估价<br>建筑师业务概要<br>建筑管理法 | 业务 | 建筑师工程经济分析<br>建筑师业务基础知识 |

资料来源：陈元晖．中国近代教育史资料汇：学制演变．1版．上海：上海教育出版社．2007:157-200.

首先，中国的建筑教育缺少对工艺技术的专门训练，建筑师在技术创新方面的能力欠缺，这导致建筑实践中工艺保守，技术体系单一。从20世纪30年代中国建筑专业教育兴起至今，中国的建筑培养模式侧重于设计、历史、美术方面的教育，而建筑工艺技术方面的专门训练较少。1937年之前，中国的建筑教育基本上延续了西方的教学体制，以中央大学建筑系、东北大学建筑系为例主要延续了美国宾夕法尼亚大学的建筑系的教学体制，关注构图、比例、柱式等艺术修养的培训，技术类课程所占比例较少。新中国成立后，经过学科重组与调整，建筑教育中与工艺技术相关课程所占的学分更是逐年下降，以清华大学为例 1949 年建筑技术类课程学分占总学分的 30%，而 2009 年建筑技术类课程学分只占到 21%[101]157-200。与荷兰代尔夫特理工大学、德国慕尼黑工业大学等工程类综合院校的建筑系技术类课程所占的学分相比，中国建筑教育过分注重培养造型能力、缺乏对于工艺技术训练和解决工程中实际问题的工程控制能力训练。这导致了建筑师对于工艺的理解不够深刻，所掌握的工艺技术单一，进而导致建筑实践中工艺技术表现缺乏多样性与创新性。

其次，中国建筑行业的相关政策束缚了工艺技术体系的多样性发展。在建筑发展中，行业的政策对于建筑发展起到了十分关键的作用，它决定着建筑行业所采用的主要材料和技术方式。然而，在过去的发展历程中，国内许多建筑行业的政策制定不是从建筑工艺的发展角度出发，而是受到资源、经济等其他方面的影响，因而不利于多样化建筑工艺的发展。以清华大学医学院所采用的红砖材料为例。1992 年，国务院批转建设部“关于加快墙体材料革新”的工作通知，提出逐步淘汰黏土实心红砖的建议。1999 年，国家八部委又联合颁布“禁实通知”，规定自 2000 年 6 月份起，沿海城市禁止使用黏土实心砖。这种政策将一种极具表现力的自然材料排除在中国建筑设计可选材料的范围之外，进而也就从根本上割断了这种工艺延续的可能性。诸如此类的禁令带来的是我国建造方法的单一性问题，传统手工艺失传了。外墙饰面只能改选面砖，而面砖脱落伤人，最终简化为涂料。建筑师在这种单一的建筑技术体系下，也无计可施。当然，这里并不是说涂料不好，只是现代建筑的发展不能只依赖于个别工艺，而是需要丰富建筑技术体系做支撑。

再次，中国建筑行业现行的个别规范条例对于技术体系的约束较大，不利于多元化的工艺技术发展。以清水混凝土建筑为例。2005 年至 2007 年之间，中国建筑行业曾经出现过一阵清水混凝土建筑热潮，涌现出了许多工艺精湛的清水混凝土建筑，如北京联想总部办公楼，天津大学冯骥才美术馆等等。但是，2007 年之后，清水混凝土建筑突然销声匿迹了。其原因是 2007 年建设部颁发的《建筑节能工程施工验收规范》，该规范提高了对建筑墙体保温性能的要求，特别是对于严寒或寒冷地区，建议采用外保温形式。但是对于清水混凝土建筑而言，无法进行外保温的工艺处理，而墙体内保温处理又无法在同等成本的条件下达到规范要求的节能标准，进而无法通过相关政府部门的审批。因此，许多建筑师放弃了清水混凝土工艺，改用其他简单易行的工艺技术。由此观之，一些现行规范条例与工艺表现之间存在着矛盾，这些矛盾阻碍了建筑工艺技术的多元化发展。

尽管近年来形形色色的建筑在中国越建越多，但是，由于对工艺技术体系的认识还缺乏开放性、多样性与包容性，在建筑设计中实现工艺创新进而塑造全新的建筑形式仍然困难重重。

## 7.2　建筑师访谈

就中国建筑品质现状问题，笔者采访了十几位从事多年实践工作的建筑师，并将其中七位具有代表性的建筑师访谈实录摘选至本书。访谈从建筑师的实际项目出发，围绕下面几个核心问题展开：

①建筑实践中影响建筑品质的技术因素；

②建筑实践中影响建筑品质的非技术因素；

③工艺对于不同地区的建筑美学和建筑文化的意义；

④计算机技术在实际工程中的应用及其对提升建筑品质的现实意义；

⑤建筑师在建筑实践中通过设计途径提高建筑品质的方法；

⑥近年来中国建筑工艺技术的发展水平；

⑦提升建筑师业务能力的途径；

⑧建筑师对于高品质建筑的衡量标准。

访谈问题的设计目标有三点：首先，希望各位建筑师能够根据已有经验阐述实际工程中影响建筑品质的因素；其次，希望各位建筑师能够用实际案例谈谈自己或者建筑业主对建筑工艺、品质、审美之间关系的理解；第三，希望建筑师能够从实践角度提出对于提高中国建筑品质有实际价值的建议。

### 7.2.1　戴复东访谈

建筑师　戴复东

工作单位　同济大学建筑与城市规划学院

访谈时间　2009/11/18

访谈地点　清华大学经管学院会议室

图 7-4　广西昆仑关战役旧址博物馆

（图片来源：http://nn.wenming.cnzhuantikuyuyige201503t20150326_1648777.html）

（1）请问您怎么看关于工业技术、文化传统和新技术的关系？

关于工业技术、文化传统和新技术的关系，我认为随着新的技术的发展，有一些老的技术会逐渐退出舞台。中国需要什么要看能造出什么样的东西，能造出好东西，必然是需要的，不能做出好东西的技术则要退出舞台。这一点是不同的。特别是在建造方面要淘汰旧的、不适用的技术，这是纯物质和技术方面的考虑。

但是从一些文化方面的因素来看，有些技术是不能被淘汰的，比如砖雕。我很喜欢汉画像石。在一块黑石头上刻出白色线条，这个就很好。我在设计中很喜欢用画像石，第一个用的地方就是在山东孔府纪念馆后面的一条老街的沿街建筑设计。做设计的时候，我要求不用斗栱、不做彩画，因为孔府孔庙是皇家的，而我做的东西是"小厮"，不追求华丽，要做简单，所以我用的是民间的设计要素，做的是普通人家的房子。我对于墙、砖细心设计，用上了画像石。画像石不是表示现代生活，它表现的是这条老街上的情景。大块的画像石（3m × 5m）贴到墙上——但这个不是纯粹旧的技术，旧的是尺度很小的画像砖，我的是尺度很大的。这样就不是把过去的东西随便抄下来，而是有所发挥。这个技术就不能丢。像这些有文化内涵的技术，就是我们的传统，是很好的东西。

再比如木结构，从周朝之后一直延续至今，到了宋代才有营造法式，做法基本定下来了。到了清朝，营造则例又把它进一步丰富了，这些东西都是好的。

但是鸦片战争之后，外国人的洋枪洋炮打进来了。外国人不会建造中国的房子，他不看营造法式，这样中国原来的东西派不上用场了，自然就慢慢淘汰了。然而，有一些东西今后还是派上用场了，我们再搞一些传统的东西时会用到，但是大的方面可能就不用了。

不管老的新的，我们都要把它搞清楚，它到底是做什么的。别人认为有用无用不要紧，关键是看自己的态度，这个方面要灵活。要保留的技术关键看文化和艺术上的意义。不管传统的还是新的，都要灵活地看待问题，要符合现代人的要求。而建筑之所以能够站得起来，被人们使用，也是由于建筑技术方面的成就。

（2）对于国内现在的建筑技术您怎么看?

有些技术我们现在国内还不行，但是这不代表中国就是不行。比如说国家大剧院，方案是法国人的，但是穹顶是中国人做的，这就是中国的东西。不一定斗栱就是中国人的，只要是发挥了中国人的智慧，就是中国做的东西。

（注：该访谈为2009年全国博士生论坛“院士访谈”的一部分，由徐知兰整理）

### 7.2.2　刘力访谈实录

建筑师　刘力

工作单位　北京市建筑设计研究院有限公司

访谈时间　2011/10/24

访谈地点　北京市建筑设计研究院有限公司

**图7-5　中石油大楼夜景**（图片来源：北京市建筑设计研究院有限公司）

（1）请您根据40多年的从业经验谈一谈中国建筑工艺的变化以及工艺进步对于建筑品质产生的影响。是否精湛的工艺技术就能够建造高品质的建筑？如果工艺水平并不精湛，是否可以创造出美的建筑？

建筑品质的问题对我而言是一个既熟悉又陌生的话题。之所以熟悉是因为对于执业建筑师来说，我们一直思考的问题就是怎么把房子做好，在技术合理、造价合理的情况下完成高品质的建筑；陌生是由于我们的设计工作只是建筑活动全过程中的一小部分，对于审批、评价、验收、反馈等环节我们还不是特别清楚。

首先我们要明确你所说的工艺是建造工艺还是建筑的细部构造。如果是细部构造，我们可以从新中国成立以来的结构、材料的发展进行分析。我刚毕业的时候，我们的前辈比如陈志华先生、莫宗江先生、梁思成先生等，他们的许多项目还是木结构建筑。到了我们工作之后，木结构建筑已经很少见了，我们接触最多的是砖砌结构。我记得一个德国建筑师曾经说过："建筑最本质的东西是砖石砌体"，对于这个观点我感同身受。像古罗马、古希腊那些经典的建筑都是砖石砌筑而成的，砖石本身的特点、砖石砌筑过程在建筑中留下的手工艺的痕迹及砖石房子的比例构成了一种建造的美。当然，20世纪50年代是计划经济时期，我们秉承的建筑原则是"实用、经济、在可能条件下注意美观"，那个时候连砌砖花都要受到限制。即便是在这种情况下，我们仍然建造了许多比较好的作品，例如天大徐中老师做的商务部的一个小办公楼（已拆），那是典型的50年代的建筑，基本上就是表现砖，然后在窗框做点装饰，工艺非常精湛。改革开放之后，框架结构越来越多地应用到建筑中，墙体变成了轻型结构，可以在柱子间游荡。这带来了许多新型建筑材料，如空心砖、金属材料，这些材料又带来了许多新的建筑样式。现在，出现了钢结构，随之而来的是玻璃幕墙等建筑形式，但是钢结构由于造价较高目前在我国还不是很普遍。

我的意思是说，无论材料怎样，都能够做出好的建筑，因而建筑品质的本质问题是建筑师的作用。就像厨师一样，高级的厨师可以把玉米面做出月饼的味道。当然这也不是说工艺越精湛建筑品质就越高，比如欧洲，很多建筑材料很好，但是品质也并不很高。

其实我觉得建筑的美感可以归纳为"真"、"善"、"美"三个字，无论什么样的材料、什么样的结构形式都能够有优秀的作品。在一个城市里面，谈一个建筑是否高品质，首先要看这个建筑与城市协调与否，然后再看建筑的表皮做得够不够细致。

（2）在传统手工艺条件下，建筑师同时也承担着匠人的工作，那么建筑师的技术越精湛，建筑的精致程度越高。而在现代机械工艺的技术条件下，建筑师很少接触到具体的物理层面的工艺、工法。请您谈一谈机械工艺技术条件下，建筑师如何协调建筑工艺及其表现？我们如何在建造过程中也融入个性化的元素？

我认为我们设计的中石油大厦就是一个品质比较好的案例。中石油大厦设计之初，甲方既想要石材又想要玻璃幕墙。我们就想了个办法，用石材和玻璃交错组成立面，底部公共部分采光要求并不那么严格，外部环境比较嘈杂所以用少一点玻璃多一些石材；中部办公部分对采光要求比较高，因而石材减少，玻璃幕墙增加；到了上部出于对立面效果的考虑，我们希望做出一种渐远渐弱的感觉，于是大部分面积采用了玻璃幕墙。而当时国内在立面处理上采用石材与玻璃混合使用的工艺并不常见。我们当时请了很多幕墙厂家配合设计，最后效果还是挺令人满意的。

现在幕墙建筑很多，玻璃幕墙的设计是建筑师面临的新问题。对于这个问题的处理，我举两个极端的例子，最差的建筑师把幕墙轮廓一画，引出一句话："幕墙部分见厂家设计图纸"；好的建筑师会把每一个节点都设计好并画出来，例如皮阿诺、贝聿铭等世界顶尖建筑师，他们对于玻璃幕墙节点的设计精致极了。对于建筑工艺表现而言，建筑师的控制能力很重要，还有就是幕墙厂家工程师的设计能力也很重要。举一个我们身边的建筑案例，三里屯苹果店的玻璃楼梯，这是由德国人设计、施工、安装的，建筑节点设计得非常细致，材料选择也很到位，这个建筑的品质就很高。所以说建筑品质的高低不在于材料，而是在于建筑师对于与材料相适应的工艺的控制能力。

在我做的工程中，对于玻璃幕墙的控制至少做到以下几点：第一，要把每个幕墙的玻璃分格科学地画出来，当然我所说的科学要考虑到功能、结构、材料本身尺寸等因素。第二，要明确规定幕墙窗间墙的尺寸；第三，对玻璃的选择要格外注意，仔细比较玻璃反光率、折射率、色泽、隔热性能等等，然后在图面标识出来。这些工作做完以后交给幕墙厂家，要求厂家按照设计画出施工图，而且施工图要由建筑师签字认可才能够使用。

（3）请您从职业建筑师的角度谈谈今天中国建筑实践中还存在哪些影响建

筑品质的问题？今天，中国建筑品质不高的主要问题是在于主观因素（如工匠的手艺、工作态度、设计流程、规章制度等等）还是在于技术因素（如建筑材料与构件的质量问题、建造与测量设备、建筑设计活动的媒介工具等等）？该如何提高中国的建筑品质？

我想提升建筑品质过程中遇到的障碍很多。以广州歌剧院为例，这不是一个成功的案例，原设计用的是空间曲面，在施工图设计阶段被中国建筑师改成二维曲面，而且一定要用石材贴面，这就造成了这个建筑工艺非常复杂，而幕墙厂家没有仔细地进行节点设计，工艺效果不好。当然这个案例失败的原因也跟我们整个行业的体制有关系，领导们只是找哈迪德来设计一个方案，而在方案深化和施工图阶段就转交给国内的设计院继续设计。国内设计院没有充分理解建筑师的意图，在技术展开过程中没有准确地传达建筑理念。同样也是由国外建筑师设计的国家大剧院和 T3 航站楼大家认为做得就比较好，其主要原因是外方建筑师可以一直负责到底。当然，我并不是崇洋媚外，认为外方建筑师能力强，主要原因是因为他们最理解自己的方案，在技术设计阶段能够做得比较到位。我们自己设计的项目也是一样的，以前做的一些方案，施工图交给别人做，通常是被别人把精华部分给修改了，一旦项目外包出去我们就很难控制设计质量和施工质量。现在出现很多不理想的建筑主要原因就是建筑师对于工程的控制能力不够。我听说在国外建筑师负责选择厂商和施工队，厂商和施工队的阶段性成果要建筑师签字才能够收到报酬。国外建筑行业在体制上要优于我国，这个我们要认真地研究，学习一下先进的经验。

（4）从宏观的环境而言，建筑品质是否是整个社会文化水平发展到一定程度的情况下才能够被大众所认可的一种审美情趣。而今天中国的一些当代建筑的品质比不上传统的中国建筑。请您谈一谈，为什么技术发展了，但是品质却并没有随之提高？如何突破这种社会性的品质屏障？

我们文化环境缺乏创造性，不仅仅是建筑，工业设计也是如此。国外在美术教育方面确实要优于我们，图书馆和美术馆非常多，而且都是免费向市民开放。他们的市民从小就能够受到多元文化的熏陶，他们所享有的艺术财富使他们对于建筑本身所蕴含的文化理解更加深刻。

而国内的文化环境略显浮躁。许多地方尤其是一些突然富起来的小城镇，他们一味地去照搬照抄人家的东西，来标榜自己的财富。例如这几天网上说的华西村，他们建了很多“白宫”、“天安门”等，其目的无非就是一个“告诉别人我很有钱”。但是这并不是一种文化，东南大学的一位搞建筑历史的老师对华西村现象非常愤怒。这种建筑中没有文化或者文化底蕴不深的现象确实令人痛心疾首。

建筑品质跟大的文化背景、技术背景、经济条件有关系，当然也跟建筑师的基本素质有关。或许我们现在的建筑正是反映了这个时代的浮躁，这方面的改善还是需要社会文明的全面发展。

### 7.2.3　邵韦平访谈实录

建筑师　邵韦平

工作单位　北京市建筑设计研究院有限公司

访谈时间　2011/10/18

访谈地点　北京市建筑设计研究院有限公司

图 7-6　T3 航站楼夜景照片

（图片来源：北京市建筑设计研究院有限公司邵韦平提供）

图 7-7　凤凰传媒中心实景照片

（图片来源：北京市建筑设计研究院有限公司邵韦平提供）

（1）首都机场 T3 航站楼是近几年中国最大规模的建筑之一，也是受到广泛肯定的建筑之一。相对于其他同等规模的建筑，T3 航站楼的工艺精致、大气而不失细节，其建筑品质有口皆碑。

- 如此大规模的建筑在工艺控制方面非常困难，T3 航站楼是如何做到精细化的工程控制的？

首先，我们要明确一个概念，造型的控制和工艺是否是两件事？在以往的一些理论和建筑教育中，通常把两者分开来说。这造成了许多学生在设计过程中只考虑概念，而没有考虑概念的可实施性。因而会出现只考虑造型，而忽略了工艺的设计。

我的观点是造型和工艺是一个事情的两个方面，是互相支持的，是连续的工作过程，通过专业的把控能力在设计方案不断深入的过程中自然会把工艺问题考虑进去。我们看国际上很多著名的建筑师，特别是善于通过工艺方法表现建筑的高技派的建筑师都是如此。建筑师自身专业上的娴熟使得他在考虑构型的同时就已经考虑到第二步甚至第三步，再通过工艺的方法和细致的设计使建筑造型变得更加儒雅。

这个是首先要澄清的一个问题，造型和工艺本身并不是对立脱节的。对于这一点我们必须在教育的根上就把两者统一起来，从开始就有一个工艺的概念，再去想造型。

T3 航站楼是我个人职业生涯中难得的实践机会，通过与福斯特的合作我们得到了很多启示。也有人问在 T3 航站楼项目的实施过程中，中方建筑师究竟发挥了怎样的作用？实际上，一个项目的成熟需要所有参与人共同发挥作用。对于 T3 航站楼设计的精细化程度，我们主要有以下几点心得：系统化的方法、几何控制系统、专项系统化、协同工作。

第一，系统化的方法。把建筑系统化，不是平行地开展工作，而是有层次的，从宏观、中观、微观依次递进地进行系统划分。例如我们有一整套完整的不同层面的尺度控制系统：包括平面系统、立面系统、内装修模数等等。而平面系统又包括结构柱网、空间尺度模数、装修板块模数等等。柱网是 36m 模数，由于建筑形体有一个 60° 的变形展开，因此，产生了 $36\frac{\sqrt{3}}{2}$的模数转变。36m 是一个宏观的模数，适合于大型设备、登机办票、行李托运等方面的设计；9m 是符合人的空间感受的模数，适合于布置一些商业空间、休息厅等等；1.5m 的模数适合于装修。正是由于这种严谨的、系统的模数尺度控制使得这个建筑逻辑性、完整性更强。

第二，建筑几何控制。建筑几何控制的依据不是简单的轴线、尺寸、层高，而是需要通过对建筑进行仔细分析研究，得出一套能够贯穿建筑设计全系统的模数控制。方案初期就确定并贯穿建筑全过程的“几何控制系统”是通过T3航站楼项目总结出来的很有意义的概念。现在国内许多方案正是由于没有严谨的几何控制，直到快施工的时候还在改轴线、改柱网，这样控制下的工程是不可能达到很高的工艺水平的。

第三，专项系统化。我们将建筑看作一个完整的系统，里面又分很多子系统，例如：平面系统、外防护系统、交通系统等等。我们可以为每个系统有针对性地配备一些专业技术人员，使每个系统的设计都是最专业的。当然，这是向外方设计师学习的一种工作模式，它可以使建筑的各个专项设计都达到最理想的水平，从而确保整个建筑的最终效果。

第四，协同工作。协同工作是一个管理模式。T3航站楼的设计不是单兵作战，而是基于一个网络平台，各个专项系统的设计人员一起工作。这样可以确保每个专项系统都是由最专业的人员来完成，那么他们合起来的图纸应该是最理想的。通过这种方式还可以实现高效的信息交换，也就是我们常说的“对图”。但是这种“对图”不是传统的开会，而是通过信息文件的互换完成的，这对于工程控制和提高工作效率有很大帮助。

此外，还包括主要设计人员的专业素养，他们要理解原创性的有价值的概念，再将概念进行技术展开并最终贯彻下去。

总而言之，T3航站楼是一个比较成熟的设计，没有走向极端，在建筑师的精心打造下，最终效果得到了社会各界的认可。

- 在T3航站楼的建设过程中，哪些因素会影响到建筑的工艺表现？

首先是建筑师的执业能力，即能否提出一个优秀的设计概念，是否能够在成本上、工艺上、工期上进行良好的控制，进而实现优秀的设计概念。以T3航站楼为例，屋顶原本设计的是双层屋面系统，即在现有的直立索边系统上面加装一层装饰板。如果做了这层装饰板，屋面在视觉效果上会显得更有细节，而且安全性能也会更好。但是最后平衡了造价等因素后，取消了装饰层。这种妥协当然也是有一定道理的，在一些原则问题上，如经济承受力、技术极限等，工艺还是要做一些妥协。我们不能为了最终的效果来做一些超过甲方经济承受能力的设计和超越了技术极限的设计。

- 这些因素中哪些是建筑师可控制的，哪些因素建筑师控制不了？

凡是建筑专业的问题都是可以控制的，超越了专业范围的事情，如消防、设备等独立的技术系统，这些系统内部都有一些规范的限制，这是建筑师无法改变的。此外，强势业主提出的一些不合理的要求也会影响建筑效果。

T3 航站楼的“高完成度”避免了许多妥协。对于该项目的施工图设计而言，如果修改一个地方其他地方就要随之进行改动，这种完整、成熟的架构制约了甲方提出的一些不必要的简化和调整要求。如果一个设计本身就不够完善，那么很容易在别人的攻击下妥协。

（2）凤凰传媒中心是近几年国内已经在建的参数化设计作品之一。同样是通过数字技术辅助设计与建造的广州歌剧院已经建成，但是建成后工艺效果遭到了很多质疑，如石材贴面的技法比较粗糙。

- 您是否担心过凤凰传媒中心建成后会出现同样的工艺问题？

在经过 T3 航站楼这样的项目之后，我们对建筑的精度有了一个新的标杆。在建筑概念高完成度的实现、建筑精度的控制、装修精度的控制、外立面幕墙体系的精度控制等方面都积累了一定的经验。这些经验都成为凤凰传媒中心这个项目的有力支持。

为了避免广州歌剧院这种遗憾的出现，我们做了大量工作。

首先，我们在凤凰传媒中心这个项目实现了全系统的参数化设计。我们对这个建筑建了“全模”，从建筑的基础信息模型处理、建筑结构、建筑构件到单元材料的加工生产，都经过参数化软件的三维设计。我们的异形结构的设计，包括钢结构的节点设计都是由建筑师完成的。而广州歌剧院等一些参数化的项目并不是通过“全模”的参数化控制的，而是在建筑师的概念模型基础上加工而成的，因而在一些接口处会产生矛盾。凤凰传媒中心则是一个全方位的、深入各个专业和每一个细节的参数化设计系统。值得一提的是该项目的钢结构系统。配合我们进行钢结构设计与施工的单位是“沪宁钢构”。在他们的配合下，这个项目的钢结构达到了很高的水准，比以往的钢结构的设计精度提高了一个数量级。

其次，我们投入了大量精力在适宜性的构造设计方面。以该项目的幕墙体系为例，我们将幕墙分为实体幕墙和透明幕墙两部分：其中双曲异形部分主要是通过实体幕墙实现，利用钢结构已经存在的造型和铝板的可塑性来实现复杂的形体；透明幕墙部分主要是由平板体系的鳞片单元组成，每一个玻璃单元通过平板之间的鳞片组合方式形成异形体。这样的处理一方面保证了曲面异形体在工艺技术上的可操作性和精致性，另一方面也在视觉上创造了一种独特的如凤凰羽翼般的效果。同时这种平板体系的鳞片单元在功能上也是综合了结构、装饰、生态等方面的考虑。

第三，我们在该项目中尝试了整体设计的方法。该项目的内装修就是我们的主体结构，钢结构是一个十字交叉的网壳，网壳内侧就是我们的内装修构件，网壳外侧则是另一个系统。将两侧系统拉开并配以玻璃幕墙系统，便构成了建筑主体。

第四，设计能否成功关键还在于建筑师的努力。广州歌剧院在工艺方面的遗憾不是造型因素造成的，而是这个项目的后期没有做好组织工作、施工中没有好的技术保证。我们对凤凰传媒中心投入了大量的心血，我们有信心它将是一个高完成度、精致化的建筑。而且这个项目是100%由我们自主设计的，与我们配合的厂家如幕墙公司等等都是跟着建筑师的设计走，我们通过模型将建筑信息传递给厂家进行生产加工。我相信我们付出的努力会保证凤凰传媒中心的最终建成效果。

当然这种复杂形体的建筑由于各个单元构件都是不一样的，需要厂家定制，造价会比普通的建筑高一些。但是，在设计过程中我们尽量采用一些适宜性的技术以达到降低造价的目的。同时，我们也通过成本优化的方式进行控制，这使得我们这个建筑的造价与央视新楼和国家大剧院比起来并不是天文数字，单方造价大约在1.2~1.3万元人民币左右。

在凤凰传媒中心这个项目中，对于工艺的控制也成为我们的一种理念。

- 我国当前建筑工艺处于怎样的水准？

我国建筑的个别领域、个别团队在国际市场上具有较强的竞争力。但是工艺不是建筑师一个人的事情，全产业链的各个环节都会对建筑工艺产生影响，如施工、生产、政府决策等等。国外的许多项目中，建筑师没有完成的细部设计可以由厂家帮助提升。而目前中国的厂商具备这种能力的不多。建筑工艺相对于航天、汽车而言并没有那么高精尖的技术要求，关键还在于人的意识的提高，建筑教育水平的提高，设计机构观念的提高。

目前中国工艺还处于提升期，很多建筑师已经开始意识到这种精致性的需求，这也促使我们对建筑工艺的认识在不断地提升。当然我们做得还不够，低水平的、粗陋的建筑还是会出现。

（3）您的许多作品都是与境外事务所合作的。国外优秀事务所的作品建成后的效果普遍比中国的建筑精致得多。

- 在与境外建筑师合作过程中，您认为我们与外国建筑师的差距在哪里？

经过 T3 航站楼项目证实，中国也能够做出高品质的建筑。当然，我们与国外建筑行业的发展还是存在一定的差异。

首先，行业运行模式确实存在问题。许多大型设计院没有精度的要求。比如说设计深度，我们只有在施工图阶段才会深入到细部设计、节点设计，而国外建筑师在设计初期就已经考虑到细部和节点的问题了。我们注重的还是一些规模、功能的事情，还没有关注到审美、感受等问题。

其次，体制也存在问题。我们缺乏一些良好的体制支持，在中国许多达不到标准的、不够精致的建筑建成后没有相应的惩罚制度。例如，许多重要的建筑不考虑装修，认为那些应该是装修公司的工作。对于国外建筑师而言，非常重视公共区域的装修，因为它是建筑风格的一个主要方面。

此外，建筑师的职业技能与习惯问题也会影响设计的建成效果。建筑师必须对所有视觉上的暴露区予以控制。中国建筑师通常基于结构尺寸进行精度控制，而外国建筑师则是基于完成面的精度进行控制。而人感受到的是完成面，因而国外建筑师在精度控制方面要做得好一些。

- 是什么因素导致我们的建筑在工艺表现方面比不上国外建筑师？

我们在工艺表现上的控制力不足与教育和养成习惯有关系。习惯一旦养成，实现起来并不难。在与国外建筑师合作过程中，单兵作战我们并不比国外建筑师差，而各专业配合起来、协同工作我们就要逊色一些。这是我们行业机制的缺陷。

国外建筑师的工作环境要优于国内。国外的施工单位的技术水准、建筑材料生产厂商的专业水平整体上还是要优于国内。国外的业主认可一些专业的咨询单位进行设计，如专业的幕墙咨询公司。而国内许多业主嫌麻烦、怕花钱，不愿意请专业咨询单位参与设计。

● 外国建筑师的哪些经验是值得我们借鉴的?

欧美国家都有统一的建筑技术标准，称为Specification，它对建筑师在技术方面提出了严格要求，是对于建筑施工非常有价值的建筑管理文件。而中国没有这样的技术标准，通常是由建筑师写几页纸的设计说明，就完成了技术文件的交代。而国外的Specification中对于建筑的设计、施工、验收都做了详细的规定，保证了建筑质量，也避免了许多纠纷。

（4）您的许多建筑项目都是政府项目。在实践中，政府项目有它的优势，比如说倾斜性政策、资金等等；当然政府项目也存在很大问题，比如说长官意志。

● 政府性项目的决策者对于工艺持怎样的态度？不关心？还是没有意识到工艺的重要性?

政府并不是建筑品质不高的主要原因。随着社会意识的觉醒，大家的审美口味也提高了。有的时候政府和业主由于信息的优势，他们比建筑师站得还高。目前规划系统好多都是专业干部，具有较高的眼光，政府对建筑的控制越来越完善。当然了，政府的一些决策也受到经济、政治事件等因素的影响，也做了一些不太和谐的决策。但是，目前外行领导内行的状况已经得到了很好的改善。总的来说，官员的品位在提高，政府部门对于建筑品质的提升具有很大的引导作用。

● 政府性项目容易实现高品质还是商业项目容易实现高品质?

没有统一的标准。但是就我个人理解，政府项目相对好一些。政府项目的经济基础相对厚实，宽容度也大一些。许多商业项目是趋利的，又要省钱又要做好东西。但是，实际工程中没有经济保证是不可能做成精品的。开发商更多的是为了宣传效果好，而对真正的工艺问题关注比较少。

当然，谁的项目好做没有绝对统一的标准。相对而言，比较超脱和宽容的业主的项目好做，这里面就包括政府，也有像凤凰传媒中心的老板这样的商业开发商。

（5）您认为在不讨论形式的条件下建筑审美是否存在，如果存在衡量这种美的标准是什么？您心目中高品质的建筑是什么样子？

通常理解的“形式”是外观的、宏观尺度的结果。在我看来，凡是视觉范围内的，可以观察到的都是形式的一部分。因此，形式与细节是密不可分的，而审美是无处不在的。视觉观察到的建筑都要经过审美判断。但是，就当前的建筑现状而言经过建筑师控制的项目总要比工人现场发挥的项目效果要好。而审美体现于细节，如建筑是否具有逻辑性、建筑的边角处理是否干净、连接的结构是否清晰等等。审美在建筑中无处不在，对于建筑师而言，需要加强审美的边界，不要停留在设计前期，要把审美贯彻到每一个环节。控制得越细致，建筑品质越高。

### 7.2.4 胡越访谈实录

建筑师　胡越

工作单位　北京市建筑设计研究院有限公司

访谈时间　2011/10/18

访谈地点　北京市建筑设计研究院有限公司

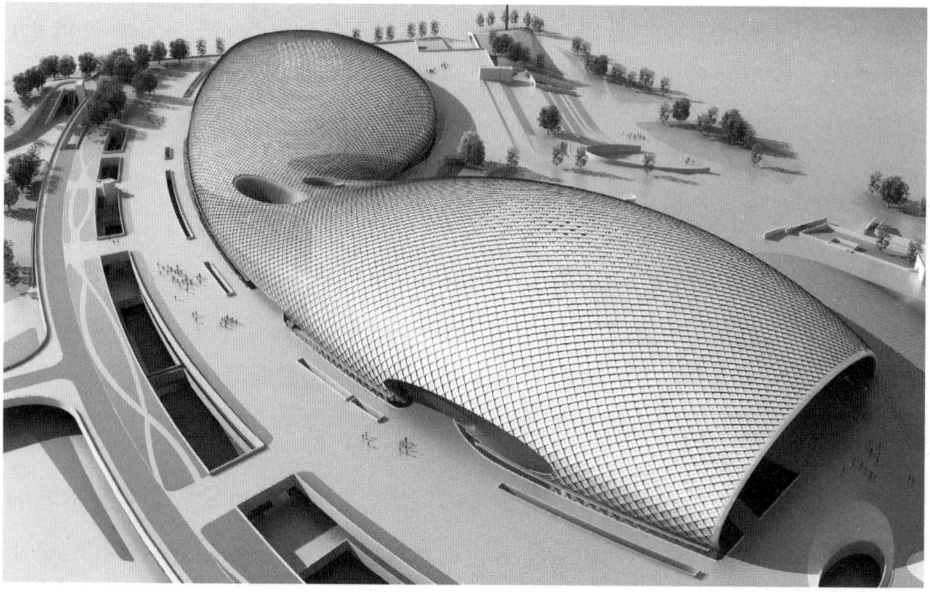

图 7-8　杭州奥体中心游泳馆

（图片来源：北京市建筑设计研究院有限公司胡越提供）

图 7-9　杭州奥体中心游泳馆

（图片来源：北京市建筑设计研究院有限公司胡越提供）

（1）经过长期的实践经验积累，您认为造成我国提升建筑品质过程中遇到的困难有哪些？

工艺的精致性问题可以从两个方面进行理解，一方面是技术本身的因素，另一方面是技术之外的人为因素。横向比对，中国的加工技术的确没有国外的水平高。但是建筑本身不需要如同电子业、航天航空业、汽车业这样的高、精、尖技术。以玻璃幕墙为例，近几年一些中国玻璃幕墙厂家的技术水平已经达到较高水平，许多外国建筑的玻璃幕墙体系都是在中国进行加工的。中国建筑粗糙主要是受到了技术条件之外因素的影响。

技术条件之外的因素又包括两个内容，其一是中国建筑师自身职业素养有待提高，包括建筑师的设计能力、管理水平、人员架构、建筑体制等方面都存在一定问题。其二是非设计因素的影响，比如说赶工期、偷工减料、低价中标、贪污受贿等等。这两方面因素都会对中国建筑的精细程度产生特别大的影响。对于大部分工程而言，技术条件之外的因素对于建筑品质的影响起了 50% 以上的作用。

首先，从建筑本身的技术欠缺我们可以引申出来行业运行机制对于建筑品质的影响。在中国建筑行业的运行机制下，技术所能够发挥的作用并没有充分显示出来。比如说纯粹的玻璃幕墙缺少专业的技术支持单位，许多单位既负责施工又负责设计。即便是有专业的幕墙设计单位，在市场体制不成熟的条件下，市场竞争对于产品精致性的需求不高，产品做到了精益求精也无法得到经济上的回报，这也就导致了专业技术咨询环节的缺失。

其次，施工单位管理结构有很大问题。中国通常是由产业工人领导农民工进行施工建造。而农民工的社会地位、生存状态、受教育程度必然导致了他们所从事的技术劳动是短期行为，这也就意味着他们必然不会为了掌握高超的工艺技术去努力，也不会有高超的文化素养。一位工程师在参观了国外的建筑施工队伍之后曾经说“在中国目前的体制下，即便是管理再好、技术再高超，中国的建造水平也就到此为止了。如果想继续发展，必须从根本上改变中国的体制。让农民工受到良好的教育、有必要的生活保证，转型成为产业工人才可能将建筑品质提升上去。”当然，也不是说我们的体制就不能生产高品质的产品，比如机械厂、来料加工工厂等等，也是由农民工作为技术工人的主体，他们同样能生产出高质量的产品，如苹果笔记本电脑。建筑业目前还没有达到精致的建造水平有其自身的特殊性。刚刚谈到的机械厂、来料加工工厂等多数是全盘学习外国的生产流程、管理模式，相对而言在技术上容易控制。而建筑业很难全套照搬国外的工艺技术及管理经验，所以比较难控制。20 世纪 90 年代，也有一些建筑是由国外施工单位总包，如长城饭店，由于其技术、管理都达到了先进水平，建筑建成后必然达到了很高的工艺水准。所以，对于建筑而言，问题主要是本行业内部的农民工的素质问题和建筑施工单位的管理结构问题。

总而言之，在我看来技术之外的因素对于中国建筑粗制滥造的现状起了决定性的作用。

（2）就国内目前的工艺水平而言，如何才能够将建筑误差减小到最低？

减小建筑误差，提高建筑的精致性，首先是“练内功”，提高建筑师本身的素养。

其次，可以通过设计流程的调整来控制建筑的精细程度，其中比较有效的方法就是设置专业工程师队伍。仍然以幕墙为例，由立面工程师参与立面设计，由专业的工程师负责把立面的设计图转成工程图纸，这样设计出来的建筑的完成度必然要高一些。我们的工作做得越精细，施工过程中出的洽商就越少，建成后的质量必然会很高。可惜的是，我们缺少这种专业的工程师，许多立面是由建筑师自己设计的，划分得很粗糙，很多细节问题考虑不周，这直接导致了实践起来会出现意想不到的问题，影响建造质量。

第三，计算机工具的使用即我们常说的 BIM（建筑信息模型）在实际工程的应用，可以使各个专业同时在同一个三维平台上工作，十分有利于接口、转角等复杂部位的处理，对于提高建筑的完成度、精细化程度有很大的帮助。目前国内的 BIM 刚刚开始，但是很多国外的事务所已经有 70% 的项目是在 BIM 平台上进行工作的了。

此外，就是建筑师本身多辛苦一些，多跑工地、多与厂商配合。其余的就是要靠社会各方面因素的逐渐进步来解决。中国建筑工艺粗糙的现状在短时间内解决难度很高。

（3）杭州奥体博览会体育游泳馆是您主持设计的最近的建筑项目之一，建筑采用了参数化设计的方法。可是坦率地说，中国当前的建筑工艺技术很难保证复杂形体的建成效果，如广州歌剧院石材贴面的技法比较粗糙。您是如何处理工艺技术与建筑形体复杂性之间的关系的？

参数化设计通常会涉及复杂体型的建筑，从建造层面讲，是会遇到许多难题。我认为这个问题也需要从两个方面来看：

第一个是设计如何适应技术的变化？

第二个是技术进步给建筑提供了哪些可能性？

首先设计要适应技术的发展。以盖里的作品为例，他的作品是最典型的参数化设计成果，建成效果也得到了世界广泛的认可。他的成功之处就在于他本人以及与其相配合的专业设计团队采取了一系列的适宜性技术。如毕尔巴鄂博物馆外表皮选用轻薄的、易于进行成型控制的钛合金板为主要材料。在外表皮单元的排列上，横向分隔缝对齐，竖向分隔缝根据每一行的排列规律依次排序，外表皮单元呈鱼鳞状。这样的构造处理方式使得毕尔巴鄂博物馆在技术条件有限的情况下得以实施，而且保证了视觉上的精致性。这也就是说，我们建筑师要能够找到适宜的技术来解决建筑活动中的问题。而在我看来，中国的设计师、设计团队还没有能力找到这种适宜性的技术，这也就是我们前面提到的“内功”，期望我们以后能够有这样能够找到适宜技术的建筑师出现。这也涉及我们的建筑教育与建筑学学生择业的问题。在择业的时候，建筑学的学生往往乐于选择做方案建筑师，这一点有失偏颇。其实在实践中，专业技术工程师是我们行业很薄弱的一个环节，我们需要学习建筑技术与艺术的学生来从事这类工作。在构思阶段，外国建筑师并没有比我们强很多，但是落实到实践工程中，我们的差距就显示出来了，这就是技术工程师缺乏的表现。

此外，就是先进技术在建筑中的应用。目前，随着激光技术、数控机床技术在建筑工程中的应用，给建筑设计提供了很大的自由空间，例如材料分格，大量的、复杂的、不同规格、不同形式的分格已经不是技术难题，完全可以通过数控技术予以实现。就目前的情况而言，真正困难的是不同体型之间的衔接、不同材料之间的衔接。这些衔接处和收口处是建筑施工中最复杂的地方也是建筑使用过程最容易出现问题的地方。

（4）您认为在不讨论形式的条件下建筑审美是否存在，如果存在衡量这种美的标准是什么？您心目中高品质的建筑是什么样子？

构造、精细程度、完成度都是用专业的眼光来衡量建筑。建筑最终传达给大众的东西不是细节，而是感受。我个人认为最精致的建筑并不是最细致的建筑，一个建筑恰当地放在它所处的环境中，与它的功能与它想表达的意愿相吻合，就会是一个给人惊喜的建筑。例如古城改造，好多地方还是比较粗糙的，但是建筑师在特定的位置用比较细致的处理进行连接和点缀，也达到了十分好的效果。因此，我认为精致度是用专业的眼光，把问题分解开来的一种解读，而建筑最终需要的是一个完整的表达。

（5）由于中国各个城市文化背景不同、经济发展水平差异，造成了当代建筑品质极不均衡，在这种情况下，我们如何因地制宜地采取提升建筑品质的措施？

因文化差异而导致的建筑表现差异古今中外都存在。例如，古罗马时期，罗马的建筑比它周边的小城邦的建筑要好得多，这种差异是一种必然的结果，是会存在且长期存在的。当然，规模比较小的国家，如瑞士，是另一种情况。由于国家小，全国范围内的文化和技术发展相对均衡，因而其建筑品质也相对均衡。而大一些的发达国家，如美国，大城市和中小城市的建筑表达的情感和细致程度完全不一样。也就是说差别是普遍存在的。而中国的问题是，建筑品质的差别比较悬殊，有一些不该存在的差别被放大了。经济和技术当然是解决建筑问题的手段之一，但是并不是说在经济技术不发达的地区就做不出高品质的房子。古代的经济技术必然比不上当代的技术发展，但是古代的许多建筑也很精致。所以问题的关键还在于建筑师没有寻求到一个适宜的技术方式。

中国的许多中小城市建筑看起来不舒服，这并不是说明中小城市的建筑师做不出精致房子，而是因为他们采用了错误的策略，一味地仿照大城市来建造小城市，套用大马路、大草地、大轴线等元素，这些都不是中小城市应该有的城市形象。在一个不适合的地方追求不是自己的东西，必然会出现张冠李戴的尴尬。如果中小城市的建筑师将注意力集中到宜人的尺度、小巧的建筑、乡土的工艺等方面，我相信中小城市的建筑会做得比大城市的建筑更有特色。现在许多人恰恰是没有把握住中小城市自身的特征，而是去追求他们脑海中的大城市留给他们的错误印象，导致中小城市的建筑既丧失了本身的特色又没有实现他们所追求的印象。所以说，不同城市的建筑差异是必然存在的，关键问题是要寻找一个适宜的方向来发展，进而突出自身特色，提升建筑品质。

（6）提升建筑品质的主要方法之一是修炼内功，您能否从建筑教育的角度谈一谈，如何从学生阶段就建立起重视工艺表现的意识？

中国的建筑教育过分地注重宏观的东西，如流派、形式美、空间构成、建筑类型等等；而对于微观的东西关注较少。在我看来许多宏观的东西是可以到今后的工作中去学习的，而微观的东西，如构造的基本原理、建筑设计的工作方法等等却应该是在学校中培养的。这种方法和基本原理的培养与训练恰恰是中国建筑教育中比较缺少的，而国外建筑教育比较重视的。当然，这也与国内高等院校的教育体制有关系。在国外，许多建筑学院的设计老师是由经验丰富的职业建筑师来担任。而在中国，职业建筑师几乎不能够在高校代课，只是偶尔会带研究生，写一个论文、做一个课程设计。但是这种课题不太适合在设计院里面进行，很多都只能是真题假作，既没有在研究生的教育阶段发挥真正积极的作用，也没有能够发挥设计院的特长。

### 7.2.5 刘玉龙访谈实录

建筑师　刘玉龙

工作单位　清华大学建筑设计研究院

访谈时间　2011/10/13

访谈地点　清华大学建筑设计研究院212

（1）您设计的清华大学医学院是清华园红区近几年的代表建筑之一。媒体和业内人士对医学院建筑在清华园建筑有机更新方面所做的贡献评价颇高。其中，最具特征的就是红色面砖代替红色清水砖，在细部模仿红区老建筑的做法。

- 是否能够请您结合这个建筑谈一下您对工艺传承性的看法？

图 7-10 清华大学医学院（图片来源：清华大学建筑设计研究院刘玉龙提供）

材料的真实性不是一个单纯的问题，是设计结合了技术的真实性的最好选择。我们的设计不是为了“达到某一个理念”而设计，而是为了“实现一个好的设计”而设计。在清华这样一个有鲜明的历史传承特征的校园里做设计，寻求新旧结合是一个重要的起点。中国是这样，国外亦如此，美国常青藤老校园中的新建筑，都采用了新老结合的方式。但是在这种历史性特征鲜明的环境中进行建设，新建的房子所注重的不是单一的古旧，而是既传承又变化。在传承已有环境的特征信息的同时也要适应新的需求。清华大学医学院的建筑在外部空间的处理上延续了老校园空间的尺度，而应对新型实验室对空间的要求和今天人们对空间感受舒适度的要求，采用了钢筋混凝土的结构形式。在材料的处理上，医学院没有沿用古老的砖砌工艺，而是采用新的面砖和传统的红砖相结合的方式，实墙部分多用红砖砌筑，在转角、柱子、大开间的玻璃窗周围等部位用的是面砖。面砖清晰地向大家传达了开敞、跨度较大等“新”的信息，而红砖则保持了其自身特有的柔和的色彩、自然的肌理等特征。两者搭配，准确地传达了该建筑所处的时代背景下所能够做到的工艺特征。这种真实性是综合考虑时代背景的真实，而不是机械的真实。当代我国许多建筑的形式与结构（技术体系）是分离的，在不考虑国内建造特征的情况下抄袭了别人的形式，但却沿用传统的技术体系，这是缺乏真实性的表现，是为了形式而形式。清华医学院处于一个以古典样式为主的环境中，既有的形式与今天所能够到达的建造水平是相匹配的，并且已有建筑样式细部较为丰富，比较容易实现新老工艺的得体结合。

工艺必然具有传承性，传统的砌砖工艺今天之所以濒于失传其主要原因如下：

第一，相关政策的影响，如政府规定不允许烧制实心红砖。1992 年，国务院批转有关部门“关于加快墙体材料革新”的通知，提出逐步淘汰黏土实心红砖。1999年，国家八部委又联合颁布“禁实通知”，规定自2000年6月份起，沿海城市禁止使用黏土实心砖，这就造成找材料困难。

第二，市场经济的影响。在实际工程中，砌砖工艺不赚钱。农民胡乱砌一通，用抹灰一抹再刷涂料或者挂石材，能够达到多、快、省的效果，施工方何乐而不为。而砌砖工艺耗时、费工，还不容易达到效果，在市场竞争和快速消费的社会中并不是一个大家都能够认可的工艺。这就造成了施工单位不愿意做复杂工艺。

第三，砖的需求量少了，材料厂家的生产能力也就弱了，砖的规格不高、表面色泽、平直程度都不能让人满意。医学院的实心红砖是我们跑了好几个厂家，一块一块挑出来的。

这种工艺的失传实际上带来的是我国建造方法的单一性问题。传统手工艺不值钱了，改选面砖；面砖质量不过关容易脱落伤人，改选涂料。建筑师在这种单一的建筑技术体系下，也无计可施。当然，这里并不是说涂料不好，只是说我们不能只有一种工艺来进行建筑表现。这也就是说工艺的传承性不单纯是一个建筑问题，在粗放型发展的今天传统保留与否同样是个政策问题。不是建筑师凭借一己之力就能够改变的。

- 从“红砖”到“红面砖”的过程是否可以看作外部技术力量推动下的必然性“有机更新”？

“有机更新”的说法不准确，应该说是“有机结合”。坦率而言，面砖的表现力并不好，问题也很多，如色彩呆板、缺少时间侵蚀的痕迹等等。然而，在今天已有的条件下，我们所做的是积极地选择，用面砖来表达新房子的特征。

（2）客观说面砖贴面的工艺和砖砌筑的工艺是两种完全不同的建筑工法，前者是现代技术的产物而后者是手工艺时期就已经存在的。那么，当新的工艺冲击旧的工艺的情况下，新旧工艺如何取舍？是否可以通过工艺的传承来实现建筑的地域性表达？

新的工艺和旧的工艺之间不是替代关系，是新工艺丰富了已有的技术体系，增加了建造的可能性。

工艺的传承是表达建筑地域性特征很重要的一方面。其实就建筑的工艺技术体系而言，法国和中国都是以钢筋混凝土为主要的建筑结构体系。但是法国建筑师在发掘混凝土的表现力方面做的比中国建筑师好。从佩雷的现浇混凝土发展到混凝土结构的表现，再到清水混凝土和后来的预制混凝土构件，在混凝土建筑的塑造过程中，法国建筑师发觉了属于混凝土这种材料特有的美。中国建筑师对于材料真实性的表达与认识是不够的，我们通常的做法是在混凝土浇筑完成之后再涂上涂料或者贴一圈面砖。在这种情况下，很多建筑师对于工艺传承的理解也是存在问题的，他们不接受那种合目的性的审美（材料该是什么样就是什么样）。中国建筑在生成形式之前缺乏表达真实性的过程。

（3）承接上一个问题，如果反过来思考，现代工艺通常是可以复制的，复制本身会带来个性的泯灭。那么，您认为会不会因为工艺的雷同而产生千篇一律的效果？

不会。承接前面的话题，以混凝土建筑为例，柯布西耶、迈耶和安藤忠雄三个人都善于用混凝土作为建筑材料进行表达，但是他们的作品风格、气质各异。当年后现代主义批判现代主义千篇一律，我理解实际上批评的是现代主义的“排他性”。一个思潮如果是排他的，那么在这种思潮影响下的建筑师的审美必然也是排它的，那么就会出现表现形式的千篇一律。而工艺并不是思潮，而是任何情况下都需要引起建筑师格外关注的，希望工匠能够尽善尽美地完成的。

（4）在现代机械工艺的技术条件下，建筑师如何协调建筑工艺与其表现出来的效果？

建筑师对于建筑表现的决策像医生诊脉，把准了脉、找准了点很重要。不是极端的先锋或者极端的古老就是好的，很多时候折中一点是大众能够接受的。而大众、业主的认可也是项目得以顺利进行，最终实现高完成度的重要因素。清华大学医学院建筑我认为就是我们把准了脉、找准了点。

（5）通过对您的一些论文的阅读和建筑作品的现场考察，感觉到您对于材料和空间氛围的关系处理的别具匠心，如清华大学医学院、大连理工大学创新园大厦。请您谈谈在实际工程中建筑材料对于建筑品质的意义？

材料和空间的表现是建筑设计中很重要的两点，材料是实现空间氛围最直接的手段。校园建筑通常不使用很高档的材料，因为校园建筑的品质主要是文雅的、亲和的、有文化的。以大连理工大学创新园大厦的立面材料选择而言，我们主要这样考虑。大连理工大学的校园建成环境没有统一的风格、色彩、形式，我们希望能够做一个建筑将校园已有的建成环境中和起来。既有的建筑里面，没有我们要强化的材料或者色彩，于是选择了中性的颜色，即黑、白、灰，而黑色是其中风险最大的，但是我们希望这个建筑作为校园的制高点能够对周围有控制力。其实，这栋建筑立面材料并不高级，是一种相对廉价的铝塑板，我们在节点、构造、杆件的处理方面做了一些细致设计，使得该建筑在视觉上比较精致，技术性、机械感十足。这种并不高级的材料表现力很强，反而帮助我们提升了建筑的品质，也许会比用面砖或者挂石材的效果要好。

（6）在社会生活中，对于建筑品质的评判并不存在单一的衡量要素，它与评判者的教育背景、文化修养有着十分密切的联系。这种联系也影响到了业主对于建筑方案的认可程度。您认为在实践过程中影响建筑品质的社会因素有哪些？如何突破这种社会性的品质屏障？

所有人的审美需求都是从既有的经验而来的，出格一点的表现不容易被接受，大众对于建筑的审美就是从他们日常所见中获得的。我们希望自己的建筑既是“阳春白雪”也是“下里巴人”，所以我们在先锋性的表达方面走得并不远。这也是开业建筑师最大的特点，相比之下实验性建筑师和学校里面的建筑师的观点要犀利得多。而开业建筑师需要考虑的是“兼顾”，综合各种因素来寻求适当的结果。

建筑师必须有能力说服业主，做好与业主的协调工作。为了实现“兼顾”，建筑师要理解大众的观点，理解社会文化习俗的需要，不能以精英意识代替大众意识。在所有的社会都存在建筑师与业主的分歧，我们需要通过沟通来获得更多人的认可。

目前中国建筑实践中的最大问题是长官意志决定建筑。建筑决策权力被集中控制，业主方的领导决定一切，长官一言堂，专家没有发言权。此种情况在当今比90年代中期更加严重。决策者与建筑师的出发点不同，他们从社会稳定、经济发展、国家形象等更为宏观的目标出发做出决策，这种情况下的决策结果与建筑师的专业想法必然会有出入。最理想的建筑决策是在综合宏观目标和大众品味两种因素条件下进行的。

（7）您认为在不讨论形式的条件下建筑审美是否存在，如果存在衡量这种美的标准是什么？物质实体的审美与形式意义上的审美是什么关系？为何在实际生活中对于形式的审美更容易被大众把握，而工艺却特别容易被忽视？能否描述一下您心目中高品质的建筑是什么样子？

我认为高品质的建筑需要具备以下三点：

第一，真实性的建筑。值得强调的是这种真实性并不是机械的真实性，而是综合社会、文化、经济、技术的真实。这种综合性实际上是一种宏观的真实性。

第二，能够给人带来愉悦的建筑。现在很多建筑并不是以给人带来愉悦为目标进行设计的，而是“眼球经济”的产物，是为了形式而形式的设计。良好的建筑形式本质上应该是人能够与建筑发生对话的形式。

第三，适当的构造、工艺、细部的材料表达。以悉尼歌剧院和广州歌剧院为例，悉尼歌剧院为了实现设计意图，在面砖的划分、构造处理等方面下了很大功夫，特制的面砖每块的形态和排布方式都不太一样，最终完美地适应了形体的需求。而广州歌剧院在外墙石材贴面的处理上就要稍逊一些，有些地方工艺不够精致。当然，广州歌剧院也客观地表现了它的价值，再过几十年我们回过头来看广州歌剧院，它恰恰记载了今天中国的意识、工艺、文化和经济水平。

### 7.2.6 张利访谈实录

建筑师　张利

工作单位　清华大学建筑学院

访谈时间　2011/10/26

访谈地点　东升大厦 B 座 815B

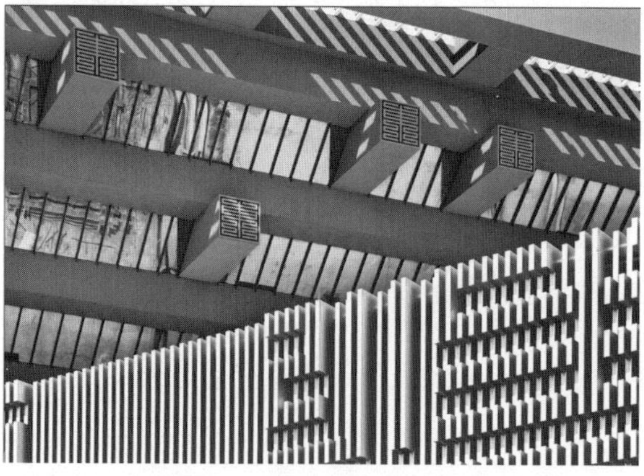

图 7-11　上海世博会中国馆

（图片来源：http://www.cuepa.cncate_11detail_21004.html）

（1）世博会中国馆立面的“叠篆”是一个兼具工艺特征与美学效果的设计。

● “叠篆”的具体做法是怎样的？实际建成后的“叠篆”与您设计预想的“叠篆”有差异么？

“叠篆”建成效果和最初的设计想法不一样。最初构想的“叠篆”构造是由两个构件交叉形成不同视角下“印文”和“阳刻”的效果。但是这个构造设想被认为是不容易实现的，因为两个构件垂直交叉，构件背后需要靠拉索进行固定。而能够将这种构造做到非常平直的只有德国和瑞士的厂家。这个从经济方面和施工时间上讲都不太现实，所以最后中国馆立面的构造还是选择了刚性的板材，“叠篆”字体就是板材表面的雕刻，还是一维视角的构造设计。可是说“叠篆”的最初设计理念是想通过柔性构造形成从各个角度看各不相同的视觉效果，但是最后还是挺遗憾的。

● 是什么原因造成“叠篆”的构想没有实现？

这个跟世博会后期工程的时间限制有很大关系。世博会后期施工时间很紧张，好多工程都出现了类似的情况。例如阳光谷，这本来是由德国建筑师设计的一个整体连续的膜结构建筑，但是由于工期紧张不得不把最初的膜结构设计改成几个断开的玻璃单元拼起来的倒锥形。一旦时间紧张，即使是造价不成问题都很难实现这种工艺上的设计。

目前这种赶工的情况比较多，我所接触到的城市重点项目没有到最后不赶工的。这种赶工的情况在实践中普遍存在，不仅仅是中国。但是中国的这种情况更明显一些，要求建设速度更快一些。这主要是因为这些所谓的重点项目（显现度高的项目）往往都跟相关领导的个人业绩有密切的关系。早一年实现那么业绩就会早点有，所以赶工是一个普遍的现象。相反倒是一些私人的项目，尽管业主的经济并不厚实，但是他们会比较重视建筑的“完成度”，这里所说的“完成度”与建筑的精致性关系不大。但是，私人业主在中国相对较少。

（2）目前中国建筑实践中是否有对于精致性进行评价的标准？

目前我们也有很多的评奖体系，如鲁班奖、詹天佑奖等。这些评奖体系当然也会对建筑质量、建筑“完成度”有一定的要求，但是问题恰恰也出在这里。这些评奖体系对于建筑的要求是错误少、质量漏洞少，那么这就造成了建筑师会千方百计地寻求最稳妥的办法来减少质量问题，比如墙面粉刷，要想达到非常平整的效果最简单的办法就是把涂料刷的很厚。前面我们提到的“叠篆”也是同样的道理，不是说做不出来，而是说在短时间内实现高精度的建造很困难。当然，最后在世博会建筑评奖的时候，西班牙的评审专家也认为板材做的“叠篆”从“工”的角度将还是很精致的。这也就是说大家在做的事情是寻找最简单的办法来保证“完成度”。这里的“完成度”也有点问题，“完成度”本身的概念并不清晰，如果一个建筑师选用很简单的工艺进行建造，那么他作品的完成度几乎可以达到100%，而如果他选用比较复杂的方法进行建造，那么对最终效果的控制力就不那么强了。我想我们讨论“品质”的问题不仅仅是对于“完成度”的泛泛而谈，而是希望能够鼓励那些有风险但是对其他人有启发的工艺设计。当然了，不管挑战有多大，大家还是愿意以最少的错误为先决条件。

（3）当前很多建筑缺乏这种工艺方面的设计的原因是什么？中国的建筑工艺在世界上处于什么水平？

我想很多建筑缺乏工艺设计的主要原因是时间问题，建筑师没有足够的设计时间来完善工艺设计。当然我认识的建筑师中，简单套用标准图集的情况不多，但是有些会依赖于专业厂家二次设计。

我国目前许多建筑工艺的水平很高，以幕墙为例，目前我国的幕墙公司拥有世界上最好的技术和产品，他们的产品设计师水平也很高。当然这些产品设计师不是从建筑的视觉角度进行幕墙设计，不过他们可以与建筑师协作完成工作。这个也与我们国家的教育体制有关系，很多欧洲建筑学毕业的学生去了幕墙厂家做设计师，他们本身有建筑设计和构造基础，对于建成效果的把握比较准确。而中国的厂家设计师多数没有建筑学背景，他们的设计工程复杂程度很高，但是在视觉效果的控制方面还不够理想。单纯从技术角度讲，我们目前的技术实力并不逊色于国外。在目前的实践中一些建筑效果不尽如人意，我想建筑师还是要负主要责任。建筑师把二次设计的工作完全交给幕墙公司去做是不合理的。

（4）今天许多建筑师在实践中过分重视新、奇、怪的建筑形式，这与他们所受到的建筑教育是有密切关系的。是否需要调整中国建筑教育的模式，以从根本上完善建筑系学生对于工艺的认识？

意识是一个很容易产生的东西，只要你跟学生说“工艺很重要”，然后带着他去工地看那些图纸差不多但是做法不同效果不一样的具体工艺效果差异，他就会产生这个意识。学校能做到的仅此而已，让学生产生意识，明白原理，但是具体的如何做到工艺表现力强就是具体项目实践中一点点积累起来的。工艺的对象一定指的是最后建成的房子，不是中间的过程，没有人能够看到图就完全想象到真实效果。

当然，像国外大学建筑系那样，在设计课程中加入技术类辅导老师，以增加课程训练的真实性、加强学生对于工艺表现力的理解，这种做法肯定会对学生在建筑工艺技术方面的理解起到积极作用的。但是，我们目前因为很多原因还无法实现这种教育模式。

（5）中国各个地区之间建筑品质参差不齐是对工艺的理解不同还是其他的原因？

中国各地区之间建筑品质参差不齐主要是“钱”的问题。每个地方的人都希望与大城市的人享有一样的居住环境。比如说立面材料选择，每个地方的人都希望选择最好的材料，让建筑看上去与那些时尚的建筑相近。但是许多中小城市的经济实力不够，他们只能够选择相同材料中最廉价的一种，然后在远观效果上尽量保证与他们想象中最“美”的建筑相近，牺牲的却是近看的一些细节。

当然，很多情况下建筑业主要的不是美，而是一个地区、一个企业的力量或者财富的表达。技术的提升对于建筑精度的表达一定会有所改善，但是从绝对价格来讲，可能改善不大。因为永远有更昂贵的材料吸引着业主去追求。那种昂贵的挑战物理极限的构件也会层出不穷。这些新的工艺并不会使建筑的总体造价下降，业主总是会在“缺钱”的情况下去追求那些时尚的建筑印象。

（6）我们能否在制度或者产业链调整上面想一些办法来提升建筑品质？

我想当大家觉得一件东西是需要的时候就会有所改善，当认为这件东西可有可无，那么就没有太多的办法。到目前为止，工艺表现在很多业主看来还不是最迫切的问题，还不在他们判断建筑优劣的雷达上。

提升建筑品质的主角是业主，正如阿尔贝蒂认为建筑师是建筑的母亲，而业主是建筑的父亲。

经济发展慢下来、自主思维的时间多一些是提升建筑品质的必要条件。完全以货币和经济来衡量生活好坏，那必然是没有自主思维的时间。但是一旦以自己可掌控的时间为标准来衡量生活的好坏，社会节奏就会慢下来。这种转变会很快，一旦意识到了这一问题就会马上发生。

（7）近几年，建筑参数化设计在世界范围内流行，我国也有多个使用了参数化设计的建筑在建或已经建成。但是，目前人们判别参数化设计的表观尺度通常是复杂的建筑形式。您认为这种以形式作为表观判别标准的参数化设计是否合理？如果合理，那么他是否暗含着，这场轰轰烈烈的参数化热潮只不过是形式变化中的一个短暂阶段？如果不合理，我们应该如何理解参数化设计？

我觉得个别的小工程是可以考虑用参数化方法进行设计的，大规模的参数化设计在中国现阶段的实践中应用，还是有点过于乐观主义了。好多参数化设计的建筑形体都很复杂，施工难度很大。而实际施工过程中却是由一群没有接受过太多专业训练的技术人员在那里进行操作。最糟糕的是到工程后期，时间不够，施工队会雇佣大量的农民工一起赶工，这很难达到精致性的要求。至于说参数化设计出来建筑更便宜，这一点可信度不高。

（8）对于中国建筑现状而言，计算机辅助设计与建造应该从哪方面入手？形式（非线性形体）还是工作流程（BIM）？

可能从BIM这个角度发展更具有实际意义，不过现实中BIM的应用也是存在问题的。目前BIM系统在开始设计工作之前需要将很多的信息进行录入，工作量极大。完成这一个工作就要求建筑工程周期再长一些，从事BIM的工作人员再多一些。从现在的实践水平而言，BIM还不是特别适应于大规模、大批量的建筑设计工作。

我个人认为所有试图取代创造性智慧的技术是不会有太长寿命的，而取代重复性劳动的技术是会被延续下去的。

（9）您认为在不讨论形式的条件下建筑审美是否存在，如果存在衡量这种美的标准是什么？您心目中高品质的建筑是什么样子？

我认为美是没有绝对的衡量标准的是一个很开放、很主观的感受。品质也是如此，没有特定的形象或者标准来界定品质的高低。

### 7.2.7　李兴钢访谈实录

建筑师　李兴钢

工作单位　中国建筑设计研究院

访谈时间 2012/05/03

访谈地点 中国建筑设计研究院 A 座

图 7-12 鸟巢体育场

（图片来源：http://travel.superlife）

（1）“鸟巢”体育场的工艺是否达到了设计预想的效果？

“鸟巢”建成后基本上达到了预期的工艺效果。当然我们不能说“鸟巢”这个项目一点遗憾都没有，但是在我们现有的设计施工队伍、建造工艺、生产加工技术、建设周期等条件下，“鸟巢”是所有相关工作人员尽职尽责努力工作的成果，应该说“鸟巢”在很大程度上讲是近年来国内具有创新意义的一座建筑，建成效果基本上达到了设计要求，并且也得到了社会各界的认可。

（2）有些人认为建成后的“鸟巢”没有方案效果图上看起来纤细、精致，特别是有些细节还有点粗糙，您是怎么看待这些问题的？哪些因素影响了最终的工艺效果？

实际上不应该把“鸟巢”看作一个特别讲求工艺“精致性”的建筑。从设计角度讲，“鸟巢”的设计也不是以精致性为主要出发点。略显“壮硕”的建成效果恰恰表现出一种物质感和力量感，这与“鸟巢”作为体育建筑所应该传达给人的感受是相吻合的。至于说“鸟巢”建成后效果没有效果图纤细、精致，我认为有两方面因素：首先，效果图是特定视点的表达，许多图是从俯瞰角度或者全景角度进行表现的，而建成后大家参观建筑是近看，是以正常视角对建筑细部、建筑真实尺度的感受，这种由材料传递出来的真实的存在感是不能够完全模拟的,它必然会比效果图看起来要壮大一些。至于说“鸟巢”略显粗糙,正如刚刚我说过的,“鸟巢”并不是一个以工艺精致性为主要特征的建筑,“鸟巢”的设计理念、建筑形体、结构构型和材料就已经决定了其施工过程中必然会出现很多巨大的构件和保证构件结构安全的焊缝等等。我们这个项目的构件大部分是由工厂预制，再运到现场进行吊装和人工焊拼。而大型构件的焊接从技术上讲就避免不了粗大的焊缝。从焊接工艺角度讲，这个项目的焊接技术是国内同类技术中的佼佼者，已经达到了很好的质量。作为建筑师，我们还在工程监理与施工单位的配合下提出了控制焊缝余高的要求（“鸟巢”的焊缝余高控制在 0~1mm），并且要求工人对于近人尺度的焊缝节点进行更细致的打磨。值得欣慰的是,“鸟巢”的最终建成效果基本令人满意,即便是一些工艺上所谓的“粗糙”之处也还是与建筑本身的气质相契合的。这个建筑就是用结构自身之美作为建筑外观来展示其建筑理念的，我们所需要做的是尽可能真实地呈现建筑的全部。

（3）请问像“鸟巢”这样的项目如果放在其他国家是否会中标？建成后效果会怎样？国外建筑师在中国的建筑实践是否能够充分考虑到中国的工艺技术现状及建筑方案的可实施性？

我认为这个问题很难设想，像“鸟巢”这种建筑可能出现在任何地方，但不可能以完全相同的状态出现。其实世界各地有很多难度大的建筑，而难度本身是没有办法进行比较的，比如将“鸟巢”和日本东京的 Prada 旗舰店进行比较，我们很难判断两者哪个在工艺层面更难，因此就很难设想同等难度的建筑在其他国家的建设效果。之所以我认为“鸟巢”这种建筑在任何地方都可能出现是因为好多以前我们没有见过的建筑形式和没有应用过的工艺技术都是有可能实现的，如日本横滨国际码头的建筑形态在当时而言就是一个非常前卫的建筑，设计和施工难度很大，然而建筑师和工程师借鉴了造船技术和计算机技术最终将这个工程建成了。我认为像“鸟巢”这样具有创新价值的建筑在任何一个国家都有可能中标，关键问题是一个国家、一个地区是否准备好了充分的人力、物力、财力以及心态来迎接这样的挑战，建筑师是否有坚定的信念和坚强的毅力把项目完成。“鸟巢”对于中国而言从结构形态、施工工艺、工作流程等诸多方面都是新的，但是最终还是在各方面的共同努力下建成了。这就又涉及另外一个问题，那就是我们对待工艺的现状与方案的可实施性的态度。如果我们一味地迁就已有工艺、现状水平，那设计成果必然会受到既定条件的限制，很难实现突破；如果我们能够在基本原理合乎逻辑或者说相对可行的条件下进行创新，则将会带来突破现状水平的进步，对于技术、科学和艺术都是如此。当然，建筑与工业技术相比它只有一次机会，在建筑中寻求突破必然要面临失败的风险和一些新事物带来的负效应，而建筑师需要努力地避免失败和负效应的出现。任何一个建筑都不可能是百分之百的完美，我们最终还是要从整体的角度来衡量利用新技术、新方法或者利用成熟技术给特定项目带来的价值，并据此结合建筑本身所应该具有的状态作出最终选择。

（4）在与赫尔佐格 & 德梅隆的合作过程中，您认为外方建筑师是如何选择适宜性的技术措施、控制工艺表现力的？

外方建筑师在工作中与中国建筑师面临的是同样的外部环境，他们同样有很多无奈。但是与许多中国建筑师不同的是，外方建筑师的坚持力和意志力非常强。他们不轻易向业主妥协，十分坚持自己的想法并且努力地把自己的想法做到完美。即便是在十分强大的压力下被迫妥协，他们也是在设计中完成的妥协。他们会根据业主的意见提出符合设计理念、设计逻辑的新方案。国际高水平建筑师在这种坚持力方面表现得尤为突出，我想这也是建筑师职业性的一种表现。无论在哪个国家，建筑师与使用者或者业主之间都会面临各种各样的矛盾，而对于一个优秀的职业建筑师而言需要明确自己要坚持什么？什么情况下可以适当妥协？如何进行妥协？

当然，在设计深度、设计体系方面西方建筑师有着十分深厚的传统，其工作模式、行业规范等形成了比较完善和成熟的体系，也更有利于建筑品质的提升。

（5）“鸟巢”的设计是否全过程都使用了 Catia 软件辅助设计。您认为这种计算机辅助设计对于建筑工艺表现力有哪些影响？同类软件在目前国内建筑、建造活动中还存在哪些问题？

对于“鸟巢”这个项目而言应用 Catia 软件辅助设计是十分必要的。“鸟巢”设计过程中许多环节需要进行三维构型和设计推敲，因此必须引入三维设计软件，Catia 是一种可以应用于航天航空、船舶汽车和工业设计等多个领域的三维设计软件。它可以将材料、形式、加工集成在一起，与其他同类设计软件相比 Catia 精度非常高，这非常有利于建筑工艺的控制。对于“鸟巢”而言，我们只使用了建筑设计和结构构型这部分功能。最开始的时候，我们也希望将 Catia 这个软件应用到建筑相关的“设计—生产—安装”全过程，实际上就是我们所说的 BIM。这种想法在国外许多建筑事务所也已经有过成功的案例，例如对于曲面异形体类的建筑，据我所知，扎哈·哈迪德的事务所采用 Rhinoceros 软件来实现建筑的信息集成设计，弗兰克·盖里的事务所就是使用 Catia 软件来实现建筑的信息集成设计、加工、建造。但是，在实际的操作过程中，Catia 在建筑全过程的应用不仅仅关系到设计环节，还要涉及工业体系问题。对于“鸟巢”项目的几个钢结构生产加工厂家而言，多数建筑项目对 Catia 软件应用需求较少，为此花费高额费用购买软件乃至更新生产设备系统收效不大，而且各个厂家已有的生产流程、技术条件大相径庭。最终各个厂家选择了使用他们熟悉的方式进行生产加工，并使产品最终满足设计要求。尽管我们很希望能够将 Catia 软件作为一个建筑信息媒介应用于设计建造的全过程，但是对此我们无法强求，而且对于建筑师而言最关心的还是生产环节的产品是否能够达到设计要求，至于具体的加工方式、方法需要由厂家根据各自的实际情况进行确定、调整与完善。

目前在国内的建筑项目中值得使用 Catia 软件进行设计的并不很多，据我所知，其他类似的软件如 Revit、Rhino 等，在设计、建造全专业、全过程的应用也不是很广泛,仅见于一些小型项目。我想这种情况与软件操作的便捷性、精准度、直观性和软件各自的局限性都有很大关系，当然也与当前多数项目较快的建设周期不无关系。从原理上讲，我们都能预想到 BIM 在建筑行业中的巨大需求、潜力与开发价值，但是目前要想在中国的建筑行业推广 BIM，还需要对设计模式与流程、产品加工、建造系统乃至后期维护等诸多方面进行相应的系统性的改进、更新和完善。

## 7.3 当代中国建筑品质现状

根据中国建筑品质问题的历史分析和实践建筑师的切身体会，当代建筑实践中建筑品质现状可以概括性地用“提升期”、“非技术性”、“差异性”三个关键词来描述。

- 关键词 1：提升期

中国建筑的工艺技术和以工艺为核心的建筑表达正处于提升期。尽管 20 世纪 80 年代改革开放初期，中国建筑受到突然涌入的后现代主义思潮影响，曾经徘徊在现代主义的理性和后现代主义的符号意义之间踯躅不前。然而，从

20世纪末开始，中国的建筑实践在形式上的新、奇、怪现象已经引起了广大学者和建筑师的反思。与此同时，受到弗兰科普敦的建构思想等国际思潮的影响，中国建筑无论是理论研究还是工程实践都呈现出回归理性的趋势，关于建筑之美的讨论突破了形式的束缚，转向了对建筑工艺技术所展现的艺术价值的探讨。

近年来，随着奥运工程、世博会工程的历练，中国的建筑工艺技术较之前有了显著进步，中国建筑师对于工艺表现力的发掘处于提升期。

- 关键词2：非技术性

影响建筑品质的因素主要可以分为两大类：一类是技术性因素；另一类是非技术性因素。其中技术性影响因素包括材料、工具、动力等，是建筑发展过程中稳定的、理性的影响因素；非技术性影响因素包括社会因素、行业因素和个人因素，是建筑发展过程中弹性的、非理性的影响因素。笔者通过对访谈内容的整理发现，在同等技术水平下，中国建筑师的职业能力、中国建筑行业的技术体系构成、建筑相关产业的产业链、建筑行业运营机制、施工队伍的素质以及职业精神等因素对建筑理念的技术展开、建筑工艺的精致程度影响较大。而中国当前的工业技术水平足以满足建筑工艺的技术需求，且在同类产品的市场竞争中拥有较强实力。因而，中国当前建筑发展过程中影响建筑品质提升的主要因素是非技术性的。

- 关键词3：差异性

随着近几年大型项目的推动，中国当代建筑的工艺日趋精良，“中国当代建筑品质低劣”这种一叶障目的说法有失偏颇。中国许多建筑相关技术已经达到国际先进水平，如沈阳远大幕墙有限公司年销售量为80200$m^2$，在世界同类企业中排名第一，并且承担了美国公园、日本COCOON公司总部办公楼等国际招标项目的幕墙设计与施工[103]。

中国当前建筑行业的实际情况是由于各地区之间经济技术水平发展不均衡和文化社会背景差异而形成的建筑工艺表现发展不均衡，这使得中国建筑品质整体水平不高。针对这一现状问题，提升建筑品质的建议绝不能一概而论，而是应该根据特定区域的文化技术水平有针对性地进行技术调整。

当然，除了上述影响中国建筑品质提升的因素外，我国当前建筑实践中的一些偶发性因素也使得建筑师在实践中显得捉襟见肘。

首先，个别业主个人喜好的影响。中国建筑实践始终未能摆脱长官意志决定建筑表达的问题。建筑的决策权力被集中控制，业主方的领导决定一切，专家没有发言权。这种长官意志决定论使得建筑师忙于揣摩长官的心理，累于形式的非理性变化，几乎没有更多的精力来研究构造、节点等直接关系到工艺效果的问题。

其次，设计周期短、赶工期的影响。当前中国建设速度过快，建设周期短，这使得建筑师不得不以减少细部与节点的创新设计为代价，来满足施工期限的要求。越是重大的项目，由于其政治性的需求，越容易出现赶工期的现象。原本具有技术创新潜力的设计方案由于在短时间内不能完成构造设计与定制生产，不得不放弃原有的设计，改用相对简单易行的工艺。

当然，在不同的建筑实践过程中还曾经出现过偷工减料、低价中标、贪污受贿等个别现象，这些都是中国当代建筑品质提升过程中的障碍。

任何一个地区、任何一个时代的建筑师都必须面对困境中寻求出路的现实。修炼自身技能、提高设计服务标准、深化建筑设计细节，进而使建筑设计走向高品质是当代中国广大建筑师孜孜以求的目标。

# 第 8 章　走向高品质建筑

走向高品质建筑是中国当代建筑发展的必然趋势。然而，在处于过渡时期的当下，我们必须思考如下问题：其一，中国建筑是否已经完成了现代主义进程；其二，工艺审美是否符合当代社会环境对于建筑表现的需求。只有在解决了这两点疑问的基础上，才能够对如何将建筑引向高品质做出正确的判断。

## 8.1　提升中国建筑品质的基础

### 8.1.1　完善中的现代主义进程

从中国建筑发展历程来看，中国建筑较西方先进国家迟缓。受到社会动荡、政治格局变化的影响，20 世纪 30 年代到 20 世纪 80 年代初期，中国建筑的发展更多关注风格与形式特征，从本体论角度对于现代主义建筑的探索不够系统。改革开放之后，大批建筑理论与建筑实践资料涌入中国，中国的现代主义建筑真正进入了正规的、连续的、系统化的发展阶段。然而戏剧性的是，正当中国建筑师摩拳擦掌准备大干一番之时，西方建筑界却宣布现代主义死亡了。在后现代主义建筑思潮的影响下，一些建筑师盲目地追赶潮流，照搬国外建筑的形式语言，而将实现建筑理性发展最基本要素的工艺技术抛到脑后。20 世纪末期，随着中国建筑实践逐年增多，针对中国建筑现状问题，学界对于中国近现代建筑发展的定位进行了反思：中国是否存在现代主义建筑？中国建筑处于现代主义进程中的哪个阶段？

现代主义建筑的本质并不是单纯的形式变化、功能细分和空间塑造。西方世界现代主义建筑进程的首要条件是机械代替人这一生产方式的变革以及这场技术变革带来的一系列工艺改变，如人工材料钢铁、混凝土、玻璃取代了传统的砖、石、木等材料，工业加工方法取代了手工操作，建筑构件的批量生产与整体装配模式出现等等。现代主义建筑进程所必须的条件之二是技术进步引起的社会分工和生产关系的变化及新增社会功能对于建筑功能、空间的特殊要求，如新的社会制度下衍生出来的医院、法院、工厂、学校等社会功能和与其相适应的建筑样式，以民主平等为理想的现代社会住宅等等。技术与社会两个方面的变化共同催生了现代主义建筑的产生。

与西方建筑的现代主义进程相比，中国历经了近半个世纪的技术发展与社会变迁，基本上具备了现代主义建筑发展的大环境。但是，中国建筑的现代主义发展落后于欧洲、美国等国家 70 余年，且初期阶段呈现出片段化、非理性的发展方式，直到 20 世纪 80 年代才缓慢步入正轨。

从改革开放至今，就技术环境而言，我国建筑工业的平均生产力水平发展不均衡，发达地区如北京、上海、广州等已经基本上实现了建筑的机械化建造方式，而落后地区仍然延续着手工操作的生产方式。整体来看，中国的建筑发展正处于现代化的进程中。然而，在建筑行业发展中，建筑理论缺乏对工艺技术的完整阐述，建筑实践中的工艺水平有待提高，因而中国建筑的现代主义进程仍然需要不断地完善，以工艺技术为内在动力的现代主义建筑创作仍然有很长的路要走。

中国建筑仍然处于现代主义进程中，这一定位为寻求中国建筑品质的提升方法提供了可供参考的理论依据和基本思路。

### 8.1.2 满足审美需求的工艺表现

如上文所述，中国建筑正处于逐步完善的现代主义进程中。借鉴西欧、北美等国家的现代主义建筑发展经验与相关理论，建筑审美判断对于工艺表现的需求在学理上是成立的，且建筑形式的变化是建筑工艺相关因素发展到一定阶段的必然结果。然而，这种工艺表现是否符合中国社会的审美需求？如果答案是肯定的，那么提高工艺技术水平则成为当代中国建筑发展的必然途径。

在中国传统文化中，对于审美的阐释存在两种倾向：其一是先秦哲学推崇的“错彩镂金，雕缋满眼”之美；其二是魏晋六朝之后所形成的“初发芙蓉，自然可爱”之美 [102]78。这两种审美情怀在清代得到了空前的统一与融合。学者刘熙在著作《艺概》中提出，两种审美情调相济有功。这种工艺之美与意境之美的和谐统一被王国维先生进一步发展，并逐渐成为中国近现代工艺美术思想的基础。这种审美情趣既可以表现为中国画寥寥几笔的悠远意境，也可以表现为手工艺品的精工细作，而后者正是中国当代美学大师宗白华老先生所认为的中西方美学的共通之处。宗白华先生在《美学史论集》中曾经写道，“中国美学与西方美学的共通之处在于通过工艺传达情感，所不同的是中国的工艺偏清雅、秀美，而西方的工艺偏沉稳、厚重”[102]8。这种审美思想一直延续到今天，从大众文化角度对建筑的工艺表达提出了普遍性需求。

图 8-1　2011 年世界建筑师大会上竹中大公展示的刨木材的工艺
（图片来源：北京市建筑设计院《建筑创作》杂志社王舒展提供）

此外，近年来的建筑形式更迭使大众对于建筑审美失去了理性的判断标准，甚至抵触表征权力与财富的形式附会。在 2010 年 11 月由畅言网联合文化界、建筑界的学者专家举办的“中国十大丑陋建筑评选”活动中，北京盘古大观、沈阳方圆大厦、阜阳市颍泉区政府办公楼、邯郸元宝亭等十栋建筑因为东拼西凑的形式杂烩、生搬硬套的符号拼贴、拙劣的象征比附等理由被评选为“最丑建筑”。可见大众审美已经厌倦了形式带来的新鲜与刺激，逐渐向理性审美回归。2011 年世界建筑师大会在日本召开，与会建筑师不失时机地将会议展览中关于工艺表现的信息传递给相关行政部门、建筑师以及大众，将公众的建筑审美判断标准向工艺表现引导，进而强化了建筑活动中决策者和执行者对于工艺表现的共同需求。

由此可见，通过提高工艺技术水准来提升中国建筑品质不但是现代技术发展的必然结果，同时也符合中国社会文化背景、大众审美需求，是建筑的艺术性得以完整表现的关键环节。

## 8.2　提高中国建筑品质的几点建议

上一节对于当代中国建筑实践中存在的阻碍建筑品质提升的问题进行了详

细分析与阐述。综合这些问题的基本特征，一方面可以归结为在设计中建筑师对于工艺技术的认识不够全面，另一方面可以归结为在实践中工艺表达方法不准确。这需要从工艺系统、工艺设计、技术调整、产业链整合四个方面着手进行改善。

### 8.2.1 工艺系统架构

工艺系统架构的核心问题是建筑师、建筑工人知识结构的调整。当代中国建筑师知识结构主要来源于学校教育。而学校的建筑教育以概念、形式、意义等艺术性创作为主要训练内容，具体工艺技术的训练较少。在实际工程中建筑师主要解决的是与材料、结构、构造、工法、设备、施工相关的物质层面问题。作为一门兼具技术和艺术特征的学科，形而上的思辨或形而下的技术都不是其知识构架的全部。塑造高品质的建筑要求建筑师的知识构架以物理层面的操作为方法，以形而上的设计思想为指导，以建成后效果为最终目标。

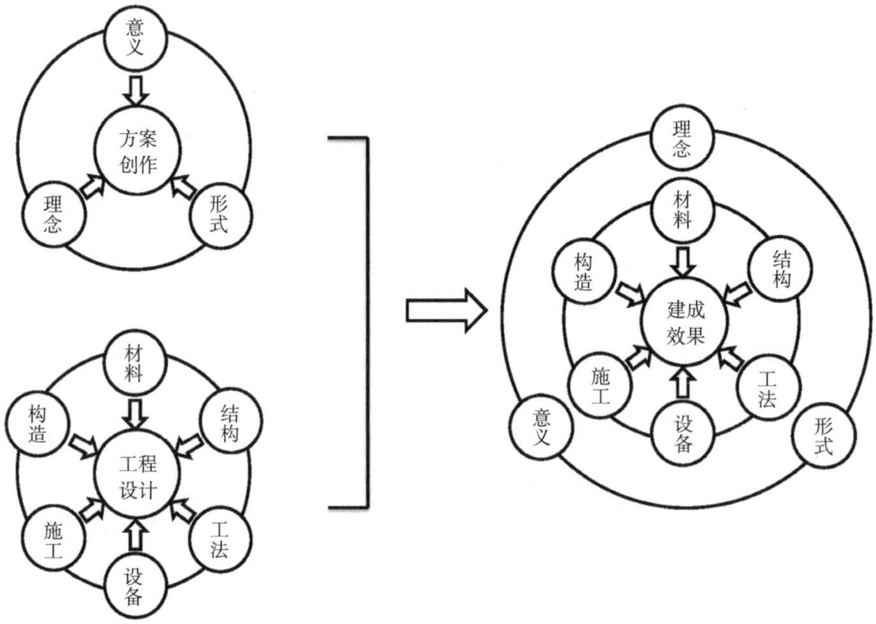


图 8-2 建筑师知识结构调整示意图

具体而言，工艺系统的知识构架包括两个层面的内容：第一个层面与工艺技术相关，它包括材料知识、工法知识、设备知识、施工知识、构造知识等 6 个子系统；第二层面与意识形态相关，它包括设计理念、比例形式、象征意义等 3 个子系统。技术层面的各个子系统直接关系到的是建筑的实施过程，是建筑品质塑造的必要条件。而意识形态层面各子系统则是建筑师希望通过建筑传递出来的精神含义，是建筑能够得到大众认可的感观依据。两个层面各个子系统之间相互作用、协同工作，最终实现工艺经验的圆满完成及其与判断经验的耦合。

在当前的建筑实践中，建筑师在物理意义上最直接的成果是图纸，再通过图纸去指导相关建筑专业技术队伍进行生产和建设。建筑师很难参与到从质料到建筑的全过程中。这种情况下，全面的知识构架能够使建筑师对方案的可行性、建成效果、施工困难等方面敏锐地进行预判，进而避免实践过程中工程失控现象的出现。因而，只有将建筑师的知识构架调整为这样一个“技”与“艺”的整体，才能够为提高建筑品质提供前提。

调整知识结构的主要途径一方面可以通过建筑师职业技能培训来实现，另一方面可以通过调整施工队伍的工艺技术水平与职业精神来实现。

（1）建筑师职业技能培训

建筑师职业技能的提高可以通过学校教育、业务训练、经验积累与总结三个环节进行调整。

学校教育是建筑师的基础训练，对于一个建筑师基本建筑素养的塑造具有至关重要的意义。当前国内建筑教育的主流体系仍基本上沿用了宾夕法尼亚大学的学院派教学体系，关注建筑的理念和形式。尽管这一教学体系能够培养学生对建筑比例、构图的良好控制能力，但是却弱化了建筑作为一门工程的技术性特征。与同为理工科综合院校的荷兰代尔夫特理工大学、德国慕尼黑工业大学等学校相比，当前国内大学建筑教育普遍存在技术类课程少，缺乏工艺技术训练的情况，这导致了学生在实践初期对于工程的技术控制能力弱，设计理念无法落实到实践层面。因此，提高建筑品质必须将中国建筑教学的重点从关注形式训练转移到关注以工艺技术为基础的建筑审美训练上来，增加有实践意义的技术类课程的设置，聘请有实践经验的建筑师辅助教学。在设计课程中加入技术类辅导老师，以增加课程训练的真实性，强化学生对于工艺表现力的理解。此外，学校还可以与具有专业技能培训能力的设计机构组成联合教学集团，结合设计机构的工作条件和学生的实际情况制定个性化的培养计划与训练目标。通过一系列的实践性课程使学生更多地接触到建筑技术问题，从而形成全面的知识结构。

业务训练是从学生到职业建筑师过渡阶段必须要进行的职业技能培训，直接决定着建筑师职业生涯中的基本工作方式与职业精神。在传统的设计院体制下,通常有“师徒制”的培训模式。近年来,由于设计单位改制,生产任务增多,生产周期短，许多设计单位已经逐渐取消了硬性的业务训练机制。然而，建筑师访谈中绝大多数建筑师认为缺乏业务训练对于年轻建筑师的成长极为不利,很多良好的职业习惯没有传承下来。因而，建议有条件的设计机构能够将这种“师徒制”的业务训练模式延续下去。当然,这并不是说要真的明确“师徒关系”,而是要根据当代建筑活动的现状指定有经验的建筑师对刚刚入职的年轻建筑师进行具体指导。

经验积累与总结是建筑师在职业生涯中一直要坚持的学习过程，其核心内容是完善旧有专业知识与技能，更新建筑设计理念。在这一过程中，除了所在单位安排的讲座、考察、交流、合作等学习机会外，更重要的是建筑师自我学习的过程。由于这一环节的职业技能培养具有很强的个体性，这里不做详细论述。

（2）施工队伍的工艺技术训练

我国当前建筑实践中施工队伍的主体是农民工。农民工因为其特殊的社会地位，不具备稳定、持久的工作时间，没有掌握更高级专项技术的愿望。他们在少数产业工人的领导下进行机械式的劳动，与其劳动成果之间没有建立起明确的荣辱关系与责任关系，因而在工作中容易出现责任不明确、工作态度懈怠、工艺技术低劣的情况，影响到建筑品质的提升。因而，提升建筑品质需要对施工队伍的工艺技术水平与职业精神进行调整。

施工队伍工艺技术水平与职业精神的调整可以通过调整施工队伍结构体系、完善施工队伍管理方式、工程资质分级与市场竞争三种途径来实现。

首先，调整施工队伍结构体系，增加施工队伍中产业工人所占比例，减少临时雇佣的农民工。在中等职业技术培训机构设置与建造技术相关课程，增加产业工人基数。针对有一技之长的农民工设立特殊的职业培训与生活保障制度，保证他们有稳定的生活来源，创造机会让他们接受专业训练，从农民工转变成产业工人。

其次，调整施工队伍管理方式，增强监督与评估机制。在施工过程，建立起每一个工人与其所进行的劳动之间的责任关系，根据每个人的劳动成果制定奖惩制度，使建设劳动不仅仅是工人谋生的一个途径，更成为建筑工人获得幸福感与成就感的来源。以此来激发建筑工人的劳动积极性，提高工人的敬业精神，从而保证施工的质量，杜绝粗制滥造的现象。

第三，工程资质分级与市场竞争，增加施工单位对于技术人员的重视程度。在施工队伍资格审定过程中增加产业工人所占人员比例和产业工人能力评估因子。根据上述因子将施工单位分级处理，规定不同等级的施工单位所能够承担的工程项目类型。通过行政指令与市场竞争机制相结合的方法逐步调整施工队伍结构，以达到提升建造质量的目标。

此外，还应该加强第三方单位，即项目监理部门的监管范围与力度，加强“设计—施工—验收”各环节技术评判体系间的连续性，通过管理方式充分发掘产业工人在建筑活动中所能发挥的作用。

### 8.2.2 工艺设计

工艺设计与构造设计和建筑构件的产品设计不同，它从建筑概念设计阶段就应该与方案相伴而生，并伴随建筑设计与施工的全过程，它是以建筑工艺表现为目标的创新型技术设计，涉及建筑的选材、工法、加工、生产、装配、修整等诸多环节。工艺设计是由建筑师和工程师共同完成的技术展开工作。对于建筑师工作而言，工艺设计可以更具体地描述为细部设计；对于工程师而言，工艺设计则是有别于传统技术措施的一种主动性的创新设计。

中国当代建筑活动最常见的设计流程可以概括为“前期准备—概念设计—评审—初步设计—施工图设计—施工准备”几个阶段，其中并没有明确的细部设计阶段，因而在施工图设计时许多设计信息得不到有效的技术展开。与此同时，中国当前的建筑构件生产厂家尚不具备工艺设计能力，这导致施工图设计阶段的设计信息缺失得不到及时的弥补。相比之下，欧洲的建筑设计流程可以概括为“前期准备—概念设计—初步设计—评审—细部设计—专项技术设计—施工图设计—施工准备”。其中，细部设计是从建筑方案转向建筑技术方案过程中的重要环节。细部设计的过程不仅有建筑师、构造工程师参与，同时还有建筑构件生产厂家的工程技术人员辅助设计，以保证设计信息准确无误地传达至建筑施工环节。在建筑实践中，一些国外建筑师在概念设计阶段也存在工艺设计不深入的情况，正是由于国外的建筑流程中存在细部设计环节，建筑师没有完成的工艺深化可以由厂家帮助提升，进而在实践过程中实现建筑工艺的科学性、逻辑性和完整性，呈现出精致的工艺效果。因而，在建筑实践中，应该鼓励专业咨询公司与专业工程师参与建筑的细部设计。

改善此种情况必须设置专业的细部设计师队伍。细部设计师可以由具有雄厚实力的大型设计院培养，也可以由具备培训能力的专业厂家培养。细部设计师的主要工作是在初步设计中对方案的技术可行性提出建议，在细部设计阶段与建筑师共同完成兼具功能性和美学效果的构造节点设计，在施工图设计阶段将建筑师的图纸转化为工程图纸。

当然细部设计师这一职业也可以作为独立的法人机构组成咨询公司，为建筑师提供咨询服务。专业咨询公司与专业工程师参与建筑设计活动可以保证建筑工艺设计的科学性、合理性、准确性，使建筑师的设计理念得以充分表达。

### 8.2.3 适宜性技术调整

建筑工艺与制造业相比较为保守，对于建筑工艺体系中单项技术的提升与调整并不是一味地追求技术指标的刷新，而是要针对建筑所在地的整体技术水平和环境特征进行适宜性调整与可行性技术开发。适宜性的技术调整与可行性的技术开发能够在特定的经济技术条件下，最大限度地发挥技术优势，塑造工艺表达的地域性特征，实现高品质的建筑需求。

首先，对于宏观的建造环境而言，建筑师要对建筑所处的技术环境和自然环境进行深入、细致、全面的调研。根据调研结果进行建筑方案设计与技术选择，发掘已有技术的提升空间，以保证建筑工艺与地域性技术发展水平的整体协调和可行性建筑工艺技术的优化。其次，对于指定建筑项目而言，建筑师应根据该项目特征进行适宜的工艺调整，特别鼓励建筑师对地方性传统手工艺进行复兴与改良。地方性工艺特别是手工技艺通常是因地制宜、因材施技的结果，是建筑工匠长时间工程实践得出的珍贵经验，是形成建筑地域性特征的内在因素。鼓励使用地方性工艺既可以从技术层面解决操作难题，又可以保证建筑的个性化发展。

以格拉茨现代美术馆的曲面玻璃幕墙工艺和中国国家大剧院的曲面玻璃幕墙工艺为例，两者在形式上都是曲面异形体。由于两个项目所在地的技术环境不同，而采用了不同工艺技术进行表达。格拉茨现代美术馆的幕墙选用了当前最先进的玻璃加工工艺——曲面有机玻璃工艺，希望能够直接生产一套与结构主体相匹配的幕墙体系。然而，工业生产和现浇混凝土施工的精度

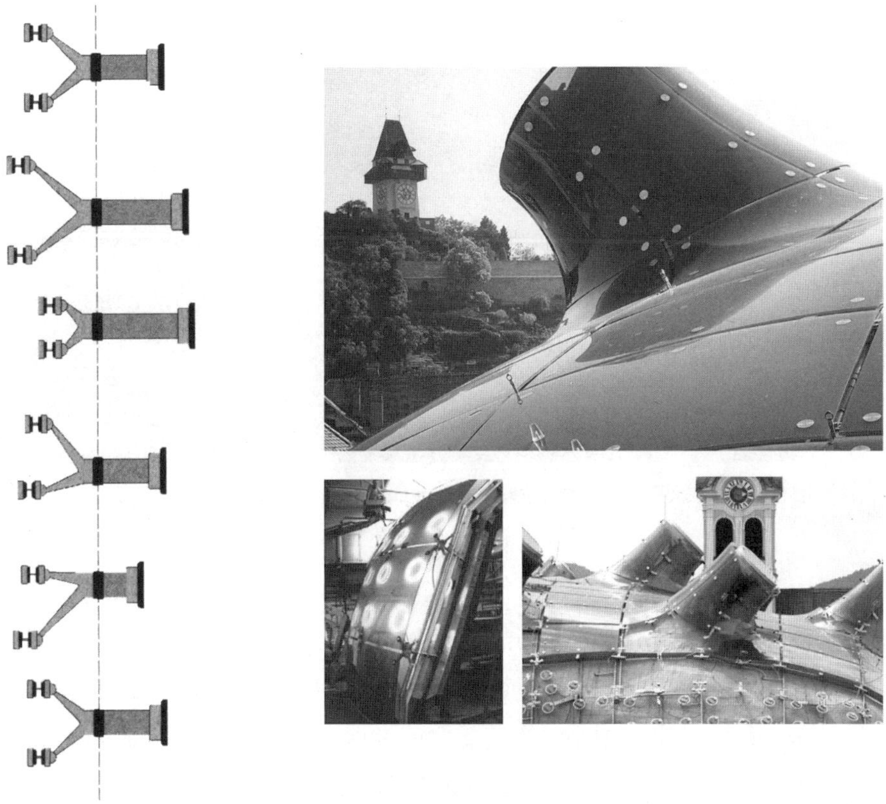

图 8-3　格拉茨现代美术馆曲面玻璃幕墙工艺[108]156

差异以及混凝土缓凝过程中的形变，造成了幕墙体系与混凝土结构之间的施工误差。工程师为了解决误差，只能额外设计一批尺寸、形状各不相同的玻璃连接件，而且这些连接件的差异性决定了必须采用最先进的三维金属加工工艺进行生产。这大大增加了幕墙体系的加工难度与建造成本，也给工人施工带来了很大的困难。

中国国家大剧院在进行曲面玻璃幕墙施工时，受到技术局限，没有选择曲面玻璃来塑造建筑形体，而是选择了用平板玻璃拟合不规则形体的方法。工程师也没有通过改变玻璃幕墙体系的连接构件设计来弥补施工误差，而是将幕墙与建筑结构分开处理，建立了两个独立的系统，椭球形的幕墙就像是扣在主体结构外面的帽子。这样结构体的误差不会对幕墙体系的外形造成影响，而平板玻璃拟合曲面形体对于当前的幕墙工艺而言是很成熟的技术，可以保证建筑形体的视觉效果。

由此可见，适宜性的技术调整与可行性的技术开发是技术、经济条件限定下，实现工艺表达准确性与建筑精致性的必要途径。

图 8-4　国家大剧院曲面玻璃幕墙工艺（图片来源：清华大学建筑学院秦佑国教授提供）

古往今来，各个地区、各个时代的建筑活动都存在因为文化、经济、技术发展不均衡等因素导致的差异。当然，规模比较小的国家，如瑞士，全国范围内的文化和技术发展相对均衡，建筑工艺水平与表现效果差异不大。而规模较大的发达国家，大城市和中小城市建筑之间发展的不平衡、投资额度差异大、地域性技术水平参差不齐，建筑工艺表现形式各异，建筑品质良莠不齐。

对于中国而言，特别是在一些技术落后地区，由于没有对建筑工艺技术进行有效的提升与调整，一些不该存在的工艺问题被放大了。技术不发达地区的建筑照搬先进地区的形式语言，但却不具备使其落实在实际工程中的技术条件，工匠不得不在实施过程中用粗劣的工艺来敷衍了事。这样不仅建筑形制与原型差异巨大，而且还暴露了工艺技术水平低劣的问题，颇有东施效颦之感。

当然，这并不是说在经济技术不发达的地区就建造不出高品质的建筑。古代的经济技术必然比不上当代的技术条件，但是古代的许多建筑也很精致。建筑能否实现高品质的核心问题在于建筑师对于已有工艺技术的适宜性调整与应用，以及建筑师在厂家工程师的协助下对于现有建筑相关技术的改进。建筑单项技术的适宜性调整与可行性开发是提升中国建筑品质最切实有效的方法。

### 8.2.4　产业链整合

当代技术体系是一个自组织系统。按照经济学家理查多·龙西尼（Riccard Leoncini）的观点，当代技术系统是按照自组织演变模式和选择机制向前发展的。一个系统的进化是其子系统之间相互作用，连续、平稳地进行物质交换和

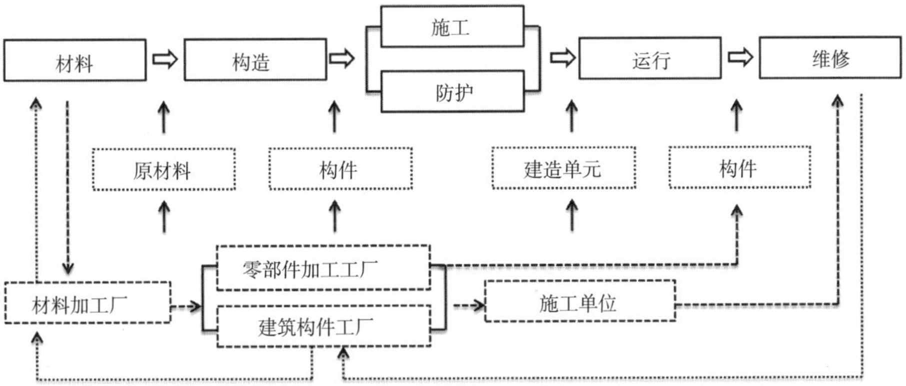


图 8-5　系统化的专项技术产业链示意图

信息交换的过程。而健全的产业链是各个子系统之间协同工作的基本生产模式。在建筑行业内部建立、健全系统化的专项技术产业链有助于建筑品质的提升。

系统化的建筑技术产业链需要从“材料、构造、生产、施工、防护、运营、维修”等 7 个关键环节出发，对各个局部决策单元进行技术开发与生产，并在各子系统正常运行的情况下对其进行工艺整合（图 8-5）。产业链中各个环节通过市场规律相互促进、相互支撑，进而在已有的专项技术基础上提高整体生产效率与产品质量，为高品质的建筑奠定物质基础。

对于当前的技术发展情况而言，建筑行业最成熟的系统整合工具是BIM（建筑信息模型），它可以使各个专业同时在一个三维平台上工作，对于提高建筑的完成度、精细化程度、控制建筑成本有很大的帮助。以万科集团的“金色里程”住宅项目为例，该项目从方案设计阶段就引入了 BIM 系统。首先，根据建筑方案建立了建筑信息系统模型。其次，各个专业基于信息模型在 BIM 平台上进行专业设计，建筑的设备管网系统、结构体系、建筑维护体系等子系统在信息模型上一目了然。第三，根据信息模型对各部分技术设计所需要的工业产品提出要求，并将信息模型转交给建筑构件生产厂家，厂家根据建筑方案所提出的产品设计要求进行工业设计，生产出墙板、阳台、凸窗、空调板及楼梯等预制混凝土构件。最后，这些构件在工厂工业化批量生产后，被运送到施工现场吊装组合。该项目体现了工业化与数字化技术特有的高效、精准的特性。

当然，我国建筑行业中基于 BIM 的设计与建造工作刚刚处于起步阶段，BIM 信息模型仅仅在个别实验性项目中使用。中国建筑行业关于 BIM 应用标准的框架 CBIMS（Chinese Building In-formation Modeling Standard）还处于研

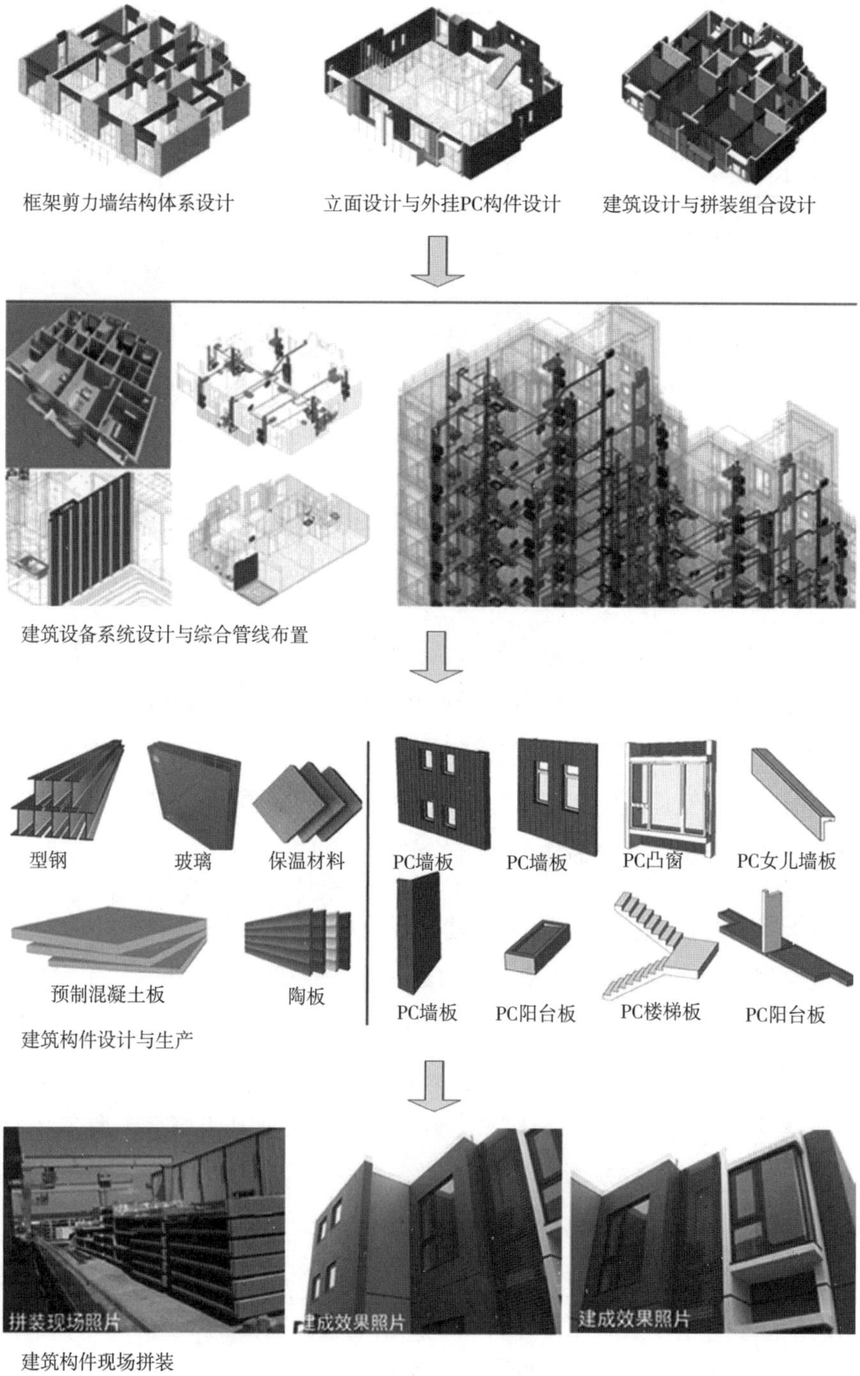


**图 8-6　应用 BIM 平台进行建筑设计**（图片来源：清华大学建筑学院张弘提供）

究与开发中。在建筑行业推广计算机信息系统模型的应用，整合建筑相关产业链还有大量的工作需要开展。

# 参考文献

## 引文文献


[1] 吴良镛 . 世纪之交的凝思——建筑学的未来 . 北京 : 清华大学出版社 , 2002.

[2] 王槐荫 . 北平市木业谈 // 赖德霖 . 中国近代建筑史研究 . 北京 : 清华大学出版社 , 2007:52.

[3] 邹德侬 . 中国现代建筑史 . 北京 : 中国建筑工业出版社 , 2010.

[4] 人民日报社论 . 反对建筑中的浪费现象 [N], 人民日报 . 1955-03-28[2011-07-15].

[5] 张开济 . 张开济致陈希同的信 . 建筑师 , 1992, 46(6):5.

[6] 华揽洪 . 关于建筑创作的几个问题——"小亭子""千篇一律"及建筑形式 . 建筑师 ,1992, 46(6):38-39.

[7] Malcolm M. Guangzhou Opera House Falling Apart [N/OL], The Telegraph. 2011-07-08[2011-07-17]. http://www.telegraph.co.uk/news/worldnews/asia/china/8620759/Guangzhou-Opera-House-Falling-Apart.html.

[8] 朱立元 . 美感论 : 突破认识论框架的成功尝试——蒋孔阳美学思想新探 . 文史哲 , 2004 (6):22-26.

[9] 蒋孔阳 . 蒋孔阳全集（第三卷）——美学新论 . 合肥 : 安徽教育出版社 , 1999:273.

[10] 理查德・布坎南 . 发现设计 . 周丹丹译 . 杭州 : 江苏美术出版社 , 2010:31.

[11] 康德 . 判断力批判 . 邓晓芒译 . 北京 : 人民出版社 , 2002:83.

[12] 亚里士多德 . 形而上学 . 吴寿彭译 . 3 版 . 北京 : 商务印书馆 , 1995.

[13] 罗杰・斯克鲁顿 . 建筑美学 . 刘先觉译 . 北京 : 中国建筑工业出版社 , 2003:173-175.

[14] 康德 . 纯粹理论批判 . 邓晓芒译 . 北京 : 人民出版社 , 2002.

[15] Langer S K. Mind: an Essay on Human Feeling. Baltimore: The Johns Hopkins University Press, 1967:106.

[16] 汉诺・沃特尔・克鲁夫特 . 建筑理论史——从维特鲁威到现在 . 王贵祥译 . 北京 : 中国建筑工业出版社 , 2005.

[17] 秦佑国 . 中国建筑呼唤精致性设计 . 建筑学报 , 2003(1):20-21.

[18] 爱德华・露西・史密斯 . 世界工艺史：手工艺人在社会中的作用 . 朱淳译 . 杭州 : 浙江美术学院出版社 , 1992.

[19] 恩斯特·卡西尔．语言与神话．于晓译．北京：生活·读书·新知三联书店，1988:144.

[20] 杜威．经验即艺术．高建平译．2 版．北京：商务印书馆，2007.

[21] 鲍桑葵．美学史．张今译．北京：中国人民大学出版社，2010.

[22] Mitchell Schwarzer. Ontology and Representation in Karl Botticher' s Theory of Tectonics. Journal of the Society of Architectural Historians, 1993, 52(3):267-280.

[23] 戈特弗里德·森佩尔．建筑四书．赵雯雯，包志禹，罗德胤译．北京：中国建筑工业出版社，2010.

[24] 爱德华 F 塞克勒．结构、建造、建构．凌琳译．时代建筑，2009(2): 100-103.

[25] Kenneth Frampton. Studies in Tectonic Culture: the Poetics of Construction in Nineteenth and Twentieth Century Architecture. Massachusetts: The MIT Press, 2001.

[26] Kenneth Frampton. Constructivism without Wall. Leonardo, 1968, 10(4):469-472.

[27] Irina D. Context Perceptions: the Dilemma of Authenticity in the Architecture of Herzog and de Meuron and Peter Zumthor. Architecture Process, 2007(5):45-48.

[28] 韩慧卿．建筑工艺论 [ 博士学位论文 ]. 北京：清华大学建筑学院，2006:215.

[29] 约翰 W 克里斯韦尔．质的研究及其设计方法与选择．余东升译．青岛：中国海洋大学出版社，2009.

[30] 许慎．说文解字长沙．长沙：岳麓书社，2006.

[31] 杜威．民主与教育．王承绪译．北京：人民教育出版社，2001:104.

[32] Bill Addis. Building: 3000 Years of Design Engineering and Construction. London: Phaidon Press Limited, 2007.

[33] 兰克·G·戈布尔．第三思潮：马斯洛心理学．吕明，陈红雯译．上海：译文出版社，2006.

[34] 伊利尔·沙里宁．形式的探索——一条处理艺术问题的基本途径．顾启源译．北京：中国建筑工业出版社，1989:191-198.

[35] 维特鲁威．建筑十书．高履泰译．北京：中国建筑工业出版社，1986:20.

[36] 康德．判断力之批判．牟宗三译．西安：西北大学出版社，2008.

[37] 亚历山大·托马斯．杜威的艺术、经验与自然理论．谷红岩译．北京：北京大学出版社，2010.

[38] 刘大可．中国古建筑瓦石营法．北京：中国建筑工业出版社，1993:268.

[39] Michael Wigginton. 建筑玻璃．李冠钦译．北京：机械工业出版社，2001.

[40] 杨笑．上海一栋 13 层在建住宅楼发生倒覆，1 名工人死亡 [N/OL]. 2009-06-27[2011-09-18]. http://news.sohu.com/20090627.htm.

[41] 李峰等．人机工程学．北京：高等教育出版社，2009:15.

[42] 罗兰·巴尔特．埃菲尔铁塔．李幼蒸译．北京：中国人民大学出版社，2008:4.

[43] 阿尔温・托勒夫 . 第三次浪潮 . 黄明坚译 . 北京 : 中信出版社 , 2006:43.

[44] Archdaily. Building of the Year 2010[R/OL]. (2011-03-08)[2011-07-19]. http://www.archdaily.com/117619/minimal-complexity-at-the-tex-fab-2-0-and-repeat-exhibition/

[45] Brank Kolarevic. Architecture in the Digital Age: Design and Manufacturing. Francis: Taylor & Francis, 2005.

[46] Alfonso Acocella. Stone Architecture. Italy: Skira Press, 2006.

[47] 中国科学院自然科学史研究所 . 中国古代建筑技术史 . 北京 : 科学出版社 , 1995.

[48] 史永高 . 材料呈现：19 和 20 世纪西方建筑中材料的建造空间的双重性研究 . 南京 : 东南大学出版社 , 2008:212.

[49] 欧阳莹之 . 工程学——无尽的前沿 . 李啸虎 , 吴新忠 , 闫宏秀译 . 上海 : 上海译文出版社 , 2008:25.

[50] 藤森照信 . 日本近代建筑 . 黄俊铭译 . 济南 : 山东人民出版社 , 2010:189.

[51] Farshid Moussavi. The Function of Form. Massachusetts: Actar and Harvard University Graduate School of Design. 2009:159.

[52] 李诫 . 营造法式 . 北京 : 中国书店出版社 , 2006:10.

[53] Andrea Paladio. The Four Books of Architecture. New York: Dover Publications, 1965.

[54] 勒・柯布西耶 . 模度 . 张春彦 , 邵雪梅译 . 北京 : 中国建筑工业出版社 , 2011.

[55] 张道一 , 唐家路 . 中国古代建筑石雕 . 南京 : 江苏美术出版社 , 2006:124

[56] Oscar Riera Ojeda. 饰面材料 . 楚先锋译 . 北京 : 中国建筑工业出版社 , 2005:75.

[57] Peter Zumthor. Thingking Architecture. Basel Boston Berlin: Birkhauser Publishers for Architecture, 1999.

[58] 海因里希・沃尔夫林 . 艺术风格学 . 潘耀昌译 . 北京 : 中国人民大学出版社 , 2003.

[59] Kazuyo Sejima R. SANAA-Zollverein School of Management and Design. Architecture and Urbanism, 2009(003):64-69.

[60] Peter Zumthor. Atmospharen. Detmold: Wege Zur Architecture, 2004.

[61] 常同立 . 机械制造工艺学 . 北京 : 清华大学出版社 , 2010:89.

[62] 王先逵 . 机械加工工艺技术手册 . 北京 : 机械工业出版社 , 2008.

[63] 库尔特・考夫卡 . 格式塔心理学原理 . 黎炜译 . 杭州 : 浙江教育出版社 , 1999:162.

[64] 中华人民共和国原城乡建设环境保护部 . GB 50164-92. 混凝土质量控制标准 . 北京 : 中国标准出版社 , 2002:121.

[65] 沈祖炎 . 钢结构制作安装手册 . 北京 : 中国建筑工业出版社 , 1998:59.

[66] 杜威 . 经验与自然 . 傅统先译 . 1 版 . 南京 : 江苏教育出版社 , 2005:262.

[67] 康德 . 三大批判合集 . 邓晓芒译 . 1 版 . 北京 : 人民出版社 , 2009:151.

[68] 牛秀敏等. 几种常规综合评估方法的比较. 统计与决策, 2006, 209（3）:142-143.
[69] 邱东 . 多指标综合评价方法的系统分析 . 北京 : 中国统计出版社 , 1991:87.
[70] 蒂齐亚诺• 曼诺尼 . "大理石" 一词的定义和历史背景 . 世界建筑 , 2002(3):17-22.
[71] 邓钫印 . 建筑材料实用手册 . 北京 : 中国建筑工业出版社 , 2007:263.
[72] 安德烈・德普拉泽斯 . 建构建筑手册——材料・过程・结构 . 任铮钺 , 袁海贝贝 , 李群等译 . 大连 : 大连理工大学出版社 , 2007.
[73] Tom F Peters. Building in the Nineteenth. Massachuseetts: The MIT Press. 1996:40-67.
[74] 金德・巴尔考斯卡斯等 . 混凝土构造手册 . 袁海贝贝等译 . 大连 : 大连理工大学出版社 , 2006.
[75] 特雷弗 I 威廉斯 , 查尔斯・辛格 , E J 亚德 , A R 霍尔 . 技术史 . 潜伟译 . 上海 : 上海科技教育出版社 , 牛津大学出版社授权出版 , 2004.
[76] 舒立茨 . 钢结构手册 . 殷福新译 . 大连 : 大连理工大学出版社 , 2004.
[77] 史蒂西 . 玻璃结构手册 . 任铮越译 . 大连 : 大连理工大学出版社 , 2001.
[78] 李开伟 . 实用人因工程学 . 台北 : 全华科技图书股份有限公司 , 2005.
[79] S. Azby Brown, The Genius of Japanese Carpentry: The Secrets of A Craft. Tokyo: Kodansha International Ltd, 1989:70-77.
[80] Walter Kaiser, Wolfgang Konig. 工程师史——一种延续六千年的职业. 顾士渊 , 孙玉华 , 户春春译 . 北京 : 高等教育出版社 , 2008.
[81] 严隽薇 . 现代集成制造系统概论——理念、方法、技术、设计与实施 . 北京 : 清华大学出版社 , 施普林格出版社 , 2004:78-106.
[82] 张弘 . 计算机集成建筑信息系统（CIBIS）构想的理论框架研究 [ 博士学位论文 ]. 清华大学建筑学院 , 2007:123.
[83] 张钦楠 . 中国古代建筑师 . 北京 : 生活・读书・新知三联书店 , 2008.
[84] 陆扬等 . 文化研究导论 . 上海 : 复旦大学出版社 , 2006:43.
[85] 康德 . 论优美感和崇高感 . 何兆武译 . 2 版 . 北京 : 商务印书馆 , 2001:48-65.
[86] 弗里德利赫・ 恩格斯 . 恩格斯 : 家庭、私有制和国家的起源 . 张仲宝译 . 北京 : 人民出版社 , 1957:153.
[87] 李蕙蓁 , 谢统腾 . 德意志制造 . 北京 : 生活・ 读书・ 新知三联书店 , 2009.
[88] 庄惟敏 , 张维 , 黄辰曦 . 国际建协建筑师职业实践政策推荐导则 . 北京 : 中国建筑工业出版社 , 2010.
[89] 弗兰克・ 惠特福德 . 包豪斯 . 林鹤译 . 北京 : 生活・读书・ 新知三联书店 , 2001:43.
[90] 肯尼斯・弗兰姆普敦 . 现代建筑——一部批判的历史 . 张钦楠等译 . 北京 : 生活・读书・新知三联书店 , 2004:114.

[91] 詹姆斯·廷伯莱克，斯蒂芬·基兰．再造建筑——如何用制造业的方法改造建筑业．何清华，祝迪飞，谢琳琳等译．北京：中国建筑工业出版社，2009:25-40.
[92] 刘月莉，林海燕．建筑围护结构热桥部位的热工性能分析．南京：中国建筑学会建筑物理分会，2004: 197-200.
[93] 彰国社．集合住宅实用设计指南．刘东卫译．北京：中国建筑工业出版社，2001:75.
[94] 苏云峰．从清华学堂到清华大学 1911-1929. 北京：生活·读书·新知三联书店，2001.
[95] 清华大学校史研究室．清华大学史料选编．北京：清华大学出版社，2005.
[96] Jeffrey W Cody. Building in China: Henry K. Murphy's "Adaptive Architecture: 1914-1935". Hong Kong & Seattle: Chinese University Press & University of Washington Press, 2001.
[97] 方惠坚等．清华大学志．北京：清华大学出版社，2001.
[98] 竞舟．国人乐住洋式楼房之新趋势 // 赖德霖．中国近代建筑史研究．北京：清华大学出版社，2007:60.
[99] 李志英．中国近代工业的产生与发展．北京：北京科学技术出版社，1995.
[100] 人民日报社论．为确立正确的设计思想而斗争．人民日报．北京：1953.
[101] 陈元晖．中国近代教育史资料汇：学制演变．上海：上海教育出版社．2007:157-200.
[102] 宗白华．中国美学史论集．合肥：安徽教育出版社，2006.
[103] 中国远大中国控股有限公司．幕墙生产及幕墙施工行业对比报告．沈阳：2011.
[104] 清华大学社会学系等．农民工：社会融入与就业——以政府、企业和民间伙伴关系为视角．北京：社会科学文献出版社，2008.
[105] 国务院研究室课题组．中国农民工调研报告．北京：中国实言出版社，2006:84.
[106] 邱锦田．21 世纪科技趋势报告．台北：行政院"国家"科学委员会科学技术资料中心，2001.
[107] 芮明杰等．论产业链整合．上海：复旦大学出版社，2006:6.
[108] Peter Szalapaj Contemporary Architecture and the Digital Design Process. Oxford: Architectural Press, 2005:156.

## 阅读文献

文化类

[109] 刘易斯·芒福德．技术与文明．陈允明，王克仁，李华山译. 北京：中国建筑工业出版社，2009.
[110] 刘易斯·芒福德．城市文化．宋俊岭，李翔宁，周鸣浩译. 北京：中国建筑工业出版社，2009.

[111] 刘易斯·芒福德 . 刘易斯·芒福德作品精粹 . 宋俊岭 , 宋一然译. 北京 : 中国建筑工业出版社 , 2009.

[112] 彼得·沃森 . 20 世纪思想史 . 朱进东 , 陆月宏 , 胡发贵译 . 上海 : 上海译文出版社 , 2008.

[113] 阿诺德·汤因比 . 历史研究 . 刘北成 , 郭小凌译 . 3 版 . 上海 : 上海人民出版社 , 2007.

[114] W.C. 丹皮尔 . 科学史及其与哲学和宗教的关系 . 李珩译 . 桂林 : 广西师范大学出版社 , 2009.

[115] 多斯 . 从结构到解构: 法国 20 世纪思想主潮 . 季广茂译 . 北京 : 中央编译出版社 , 2004.

[116] 托马斯·库恩 . 必要的张力 . 范岱年 , 纪树立译 . 北京 : 北京大学出版社 , 2004.

[117] 皮亚杰 . 结构主义 . 倪连胜 , 王琳译 . 5 版 . 北京 : 商务印书馆 , 1996.

[118] 刘喜先 编著 . 迈向 21 世纪的科学技术 . 北京 : 中国社会科学出版社 , 1997.

[119] 托马斯·库恩 . 科学革命的结构 . 李宝恒 , 纪树立译 , 上海 : 上海科学技术出版社 , 1980.

[120] 曹俊峰 . 康德美学引论 . 天津 : 天津教育出版社 , 1999.

[121] 海德格尔 . 人 , 诗意的安居 . 郜元宝译 . 2 版 . 桂林 : 广西师范大学出版社 , 2002.

[122] 吴有法 . 德国现当代史 . 武汉 : 武汉大学出版社 , 2007.

[123] 蒋孔阳 , 朱立元 . 西方美学通史 . 上海 : 上海文艺出版社 , 1999.

[124] 黑格尔 , 美学 . 朱光潜译 . 9 版 . 北京 : 商务印书馆 , 1996.

[125] 沃尔夫冈·韦尔施 . 重构美学 . 陆扬 , 张岩冰译 . 上海 : 上海译文出版社 , 2006.

[126] 奥斯汀·哈灵顿 . 艺术与社会理论——美学中的社会学争论 . 周计武 , 周雪娉 , 译 . 1 版 . 南京 : 南京大学出版社 , 2010.

[127] 刘东 . 西方的丑学——感性的多元取向 . 北京 : 北京大学出版社 , 2007.

[128] 柳宗悦 . 工艺之道 . 徐艺乙译 . 桂林 : 广西师范大学出版社 , 2011.

[129] 柳宗悦 . 工艺文化 . 徐艺乙译 . 2 版 . 桂林 : 广西师范大学出版社 , 2011.

[130] M 巴德 . 自然美学的基本谱系 . 刘悦笛译 . 世界哲学 , 2008(3): 9-21.

建筑类

[131] Farshid Moussavi, Michael Kubo. The Function of Ornament. Massachusetts: Actar, 2008.

[132] Cecil D Elliott. Technics and Architecture. Massachusetts: The MIT Press, 1994.

[133] Siegfried Giedion. Mechanization Takes Command. New York: W.W.Norton & Company, 1969.

[134] Siegfried Giedion. Space Time and Architecture. Massachusetts: the Harvard University Printing Office, 1941.

[135] Richard Buchanan, Victor Margolin. Discovering Design: Explorations in Design Studies. Chicago: The University of Chicago Press, 1995.

[136] Rob Nijsse. Glass In Structures. Berlin: Birkhäuser, 2003.

[137] 雷纳・班纳姆 . 第一机械时代的理论与设计 . 丁亚雷 , 张筱膺译 . 南京 : 江苏美术出版社 , 2009.

[138] 汉斯・德雷克斯勒 . 建筑材料 . 马琴 , 万志斌译 . 北京 : 中国建筑工业出版社 , 2010.

[139] 柯林・罗 , 罗伯特・斯拉茨基 . 透明性 . 金秋野 , 王又佳译 . 北京 : 中国建筑工业出版社 , 2008.

[140] 久洛・谢拜什真 . 新建筑与新技术 . 肖立春 , 李朝华译 . 北京 : 中国建筑工业出版社 , 2006.

[141] 克里斯・亚伯 . 建筑与个性 . 张磊 , 司玲 , 侯正华 , 陈辉译 . 北京 : 中国建筑工业出版社 , 2003.

[142] 彼得・柯林斯 . 现代建筑设计思想的演变 . 英若聪译 . 1 版 北京 : 中国建筑工业出版社 , 2003.

[143] Anabella Meijer. Architecture and Morality towards a Voluptuous Architecture. Tectonics-Making Meaning, 2009(6):56-60.

[144] Fredrik Nilsson. New Technology, New Tectonics on Architectural and Structural Expressions with Digital Tools. Tectonics-Making Meaning, 2009(6):78-94.

[145] Sergio L Sanabria. Review (untitled). Technology and Culture, 1997, 38(4):992-995.

[146] Kenneth Frampton. Review (untitled). Leonardo, 1970, 13(2):P235-239.

[147] Kenneth Frampton. Review (untitled). Journal of the Society of Architectural Historians, 1976, 35(3):227-229.

[148] Kenneth Frampton. Tecto-Totemic From: A Note on Patkau Associates. Architects Process Inspiration, 1997, 128(3):180-189.

[149] Jakob Schoof. Brickwork: Down to Earth. Detail, 2009, 129(10):1005-1012.

[150] Elisabeth Adam. Building with Rammed Earth. Detail, 2009, 130(5):456-464.

[151] 李冬冬 . 现代建筑细部演变的影响因素分析 . 建筑师 , 2009(6):22-28.

[152] 曹勇 . 墙的嬗变（上）. 建筑师 , 2009, 140（5）:11-21.

[153] 曹勇 . 墙的嬗变（下）. 建筑师 , 2009, 141（6）:5-16.

[154] 秦佑国 . 建筑技术概论 . 建筑学报 , 2002（7）:4-7.

[155] 秦佑国 . 中国建筑呼唤精致性设计 . 建筑学报 , 2003（1）:20-1.

[156] 秦佑国 , 韩慧卿 , 俞传飞 . 计算机集成建筑系统（CIBS）的构想 . 建筑学报 , 2003（8）:41-43.

[157] 吴焕加 . 标志性建筑 50 年——当代中国建筑艺术风尚的嬗变 . 建筑师 , 2009, 137(2):5-8.

[158] 曾坚，苏毅．建筑材料的计算机模拟及其对当代设计美学的影响．建筑师，2009, 137（2）:51-60.

[159] 胡雪松，石克辉，许善．建筑美学思考．世界建筑，2005（12）:97-98.

[160] 王佐．漫谈建筑审美．华中建筑，1997, 15（3）:26-28.

[161] 吴焕加．关于 Architechture 的译名．世界建筑，2000（7）:70-71.

[162] 张永和，张路峰．向工业建筑学习．世界建筑，2000（7）:22-23.

[163] 史永高．材料的"本性"与"真实性"——材料问题的观念性层面初探．建筑师，2009, 138（3）:5-17.

[164] 博芬格．交往与延续中的德国建筑．薛求理译．建筑学报，1989（7）:54-57.

[165] 朱乃新．德国建筑业的发展——兼论入世后我国建筑业发展的思路．德国研究，2002, 17（2）:37-79.

[166] 迪·布兰登堡．二次世界大战后联邦德国建筑的发展．杨大伟译．世界建筑，1987（4）:61-66.

[167] 王小红．制造联盟住宅展 1927-1932. 建筑师，2007,127（6）:5-17.

[168] 杨钢．社会主义思潮下的包豪斯．装饰，2007,171（7）:127-128.

[169] 于文杰，黄玉婷．英国19世纪早期手工艺运动的形成与传播．世界历史，2008（3）:126-135.

[170] 尤利乌斯·波泽纳．魏森霍夫．小房译．建筑师，2007, 127（6）:11-15.

[171] 张利．建筑师视野里的计算机——从三个层次论计算机与建筑师的关系 [ 博士学位论文 ]. 北京：清华大学建筑学院，1999.

[172] 白静．建筑设计媒介的发展及其影响 [ 博士学位论文 ]. 北京：清华大学建筑学院，2002.

[173] 邹涵博．建筑石材工艺研究 [ 硕士学位论文 ]. 北京：清华大学，2007.

相关学科

[174] 普伦蒂斯．建筑材料地质学．马之平译．北京：中国建材工业出版社，1992.

[175] 胡焕庸，严正元，康淞万．欧洲自然地理．北京：商务印书馆，1982.

[176] 中国科学院《中国自然地理》编辑委员会．中国自然地理——土壤地理．1 版．北京：科学出版社，1981.

[177] C.D. 威肯丝，J.D. 李，刘乙力．人因工程学导论．S.G. 贝克，张侃，译．上海：华东师范大学出版社，2007.

[178] 唐一平．先进制造技术．北京：科学出版社，2012.

[179] Ulrich Knaack, Tillmann Klein. The Future Envelope 3: Facades-The Making of Washington DC: Ios Pr Inc, 2010.

# 跋

2014年10月15日，习近平总书记在文艺工作座谈会的讲话中提到“不要搞奇奇怪怪的建筑”。什么样的建筑是“奇奇怪怪的建筑”？如何避免设计出“奇奇怪怪的建筑”成为建筑行业热议的话题。

所谓“奇奇怪怪”可以理解为“不符合事物发展规律、不符合逻辑”。对于建筑而言，其本质是通过对建筑材料（如砖、石、木、竹等）的物理性组合，塑造适于人居住生活的空间场所。建筑活动全过程以及建筑本身必须符合建筑材料所具有的物质属性、符合建筑材料组合过程中所涉及的工艺技术的基本逻辑，符合人类生存所需要的空间与环境特征。由此，我们可以将“奇奇怪怪的建筑”理解为违背物质真实性、不遵守技术逻辑、不满足功能需求的建筑。建筑材料带有强烈的地方特色与环境特征，违背物质真实性便弱化了建筑的地域性表达；建筑技术是每个时代宏观技术发展中的一支，是实现建筑创意的基础要素，不遵守技术逻辑便使建筑活动缺失了时代特征，导致建筑的形式演进缺乏内在的动力；建筑功能承载着人们的日常生活与文化活动，不满足功能逻辑便使建筑形体本身变得空洞而无意义，扭曲了建筑在文化传承中的重要作用。

避免设计出“奇奇怪怪的建筑”必须尊重材料、技术、功能等客观要素对于建筑创作活动的制约，将建筑形式落实到工艺技术中，将建筑形式与城市生活相结合，才能够创造出具有生命力的建筑之美，才能够使建筑形式不随时代潮流的更迭而褪色。这种基于客观条件所探讨的建筑问题正是本书所关注的“建筑品质”问题。高品质的建筑必须具有“当时当地”（时代和地区）高的（Hi-）工艺技术和精心地（carefully）建造，这是必要条件（当然不是充分条件，还有风格形式品位的高低和功能要求）。

关于技术与艺术在建筑发展过程中的影响自古至今一直是行业关注的热点。手工艺时代，工艺技术的优劣直接决定了建筑的空间形式与使用寿命，技术因素在建筑发展中起到了决定作用。因此，建筑的功能类型、文化属性、艺术特征均围绕着技术展开。到了机械工艺时代，技术的大发展保证了基础性建造的实现，工艺技术的神秘面纱逐渐被揭开，并可以作为一种简单劳动向大众群体推广。此时，建筑文化艺术属性则成为建筑发展过程中独立而难以用简单规则概括的主题，建筑在文化传承与艺术推广过程中的社会作用逐渐凸显，并在很大程度上决定了建筑形式的演进。技术性与艺术性作为建筑活动的两大内在动力，交替着在建筑发展过程中起到推动作用。

中国建筑的发展同样在技术与艺术两大动力推动下展开。然而，特定历史环境中，中国建筑出现了暂时性的误区，特别是20世纪30年代现代主义建筑进入中国以后。先是传统工艺技术彻底割裂，西洋样式传入中国；而后建筑行业又现“学苏”热潮，“社会主义样式”遍地开花。改革开放之后，一方面中国建筑行业还没有建立起完整的现代主义建筑体系，另一方面，面临着后现代主义推崇的历史样式、夸张造型等建筑形式的冲击。中国建筑一度陷入了杂乱无章的形式主义而不能自拔。加之中国建筑行业飞速发展，建设量巨大、设计周期紧张、长官意志影响等因素，20世纪末的一段时间内，中国建筑师盲目照搬国外建筑的形式语言，而忽略了对建筑工艺技术的深入研究，忽略了对于建筑活动基本逻辑的思考。由于这段时期的盲从与浮躁,城市中出现了许多“奇奇怪怪的建筑”。

随着建筑行业内技术与理论体系的不断完善，创作思想、创作手法的不断成熟，中国建筑师开始反思曾经出现过的“盲目建设”及其对社会性审美的误导。回归建筑本体研究的趋势日渐明显。建筑师对建筑的关注从形式语言转移到支撑形式语言实现的工艺技术，从具象的比附转移到基于城市生活与工艺发展的内在文化特征，从形而上的理论讨论转移到对细部设计的精细推敲和建造精度的合理控制。这种趋势要求青年建筑师全面认识建筑的技术特征与艺术价值，掌握工艺技术体系内的材料、工具、动力等工作原理，了解建筑相关行业的技术发展趋势；既能够在宏观层面协同各专业工程师进行工作，又能够深入细致地推敲建筑细部；既能够让设计具有创新性，又能够在技术上落实建筑创意。

建筑是一项长周期活动，且没有实验的机会。建筑师想要具备上述职业素养，需要在现实工作中下“滴水穿石”、“愚公移山”的“笨功夫”。当然，在现实的工作中，建筑师所面对的是一个复杂的社会群体，有“效率为先”的催促，有“媚洋求怪”的要求，也有“敷衍了事”的搪塞……建筑师在具备良好的技术素养的同时还需要具备坚定的信念与强烈的社会责任感。我们所建造的不仅是一栋建筑，而是一个时代的艺术表征和文化释义。相信通过建筑人与全社会的共同努力，中国建筑必将会走向“高品质”。

# 致 谢

《建筑品质——基于工艺技术的建筑设计与审美》是作者博士论文《论工艺技术对建筑品质的作用》改写而成，在研究写作与图书出版的过程中得到了很多人的帮助。在此对所有关注建筑品质问题、关心本书出版、支持建筑基础理论研究的同人表示衷心的感谢。

感谢国家科学技术学术著作出版基金委员会和北京市建筑设计研究院有限公司对本书出版工作的资金支持。本书以广大建筑学学生与青年建筑师为读者群，希望通过作者的拙文陋笔唤起青年建筑师对建筑品质问题的关注。上述两个单位对于本书的资金支持出自对青年学者学术热情的鼓励，以及对于以建造高品质建筑为职业目标的广大青年建筑师的支持。国家科学技术学术著作出版基金委员会和北京市建筑设计研究院有限公司对于本书的无私资助为讨论“走向高品质建筑”这一主题提供了平台。

感谢中国工程院院士崔恺先生、设计大师胡越先生在国家科学技术学术著作出版基金申请过程中的大力推荐。两位前辈不仅在自己的建筑实践中处处展现了精益求精的职业精神，他们也希望新一代青年建筑师能够在实践中逐步建立起踏实严谨的工作态度以及对于建筑工艺技术的正确认识，能够真正在提升当代建筑品质过程中起到积极作用。鉴于此，他们向国家科学技术学术著作出版基金委员会推荐了本书，希望能够引起广大青年建筑师对于建筑工艺技术、建筑品质问题的关注。

感谢我的导师秦佑国先生。秦先生对建筑理论研究高屋建瓴的引导、对于建筑行业发展的殚精竭虑、对青年建筑师的谆谆教诲使我受益终身。秦先生20 世纪 90 年代中期以来一直呼吁“中国建筑呼唤精致性”、“建筑艺术与技术结合”，“从高技艺（Hi-skill）到高工艺（Hi-tech）”。秦先生在和研究生讨论时曾说过：“中国建筑 20 世纪 80 年代讲‘文脉’，90 年代讲‘文化’，进入新千年讲‘绿色’，再过一些年讲什么？讲‘品质’！”这就是本书核心论题的源起。中国建筑设计缺乏细部设计，工艺技术粗糙，施工不够精细，极大地影响着建筑的品质，“不能近看、不能细看、不耐看”。而“重外观形式，轻工艺技术”既有领导、业主对建筑的“要求”所致，也有建筑师自身的认知问题。秦先生希望能够有更多的学者致力于对于建筑工艺技术的基础性研究，在理论方面引导广大建筑从业人员追求建筑品质的提升。在秦先生的鼓励与精心指导下，我用了四年的时间完成了博士课题“工艺技术对建筑品质的作用”的研究，并以此为基础开始了本书的写作，最终成文。

感谢清华大学建筑学院建筑与技术研究所所长宋晔皓教授对我的耐心指导,以及在学术交流方面给我提供的无私帮助。感谢清华大学建筑学院王丽方、张利、张弘等老师对研究工作提出的建议与指导。

感谢北京市建筑设计研究院有限公司邵韦平先生、北京市建筑设计研究院有限公司刘力先生、中国建筑设计研究院李兴钢先生、清华大学建筑设计研究院刘玉龙先生等前辈在建筑实践方面对我的研究工作提出的建议。他们的结合自己的工程经验，围绕“如何理解建筑品质”“如何提升建筑品质”“提升建筑品质过程中的影响因素”等主题为本书的研究与写作提供了大量、详实的建筑案例以及理论研究无法触及的现实问题，避免了理论研究的空洞与玄幻。

感谢朱宁、董晓莉、杨洲、王伊倜、韩慧卿、朱学晨等学人在研究工作中对我的帮助。同窗数载，我们经常热烈地讨论，让思想自由驰骋。正是这样的学术氛围一次次地激发了我的研究思路与写作灵感。

感谢中国建筑工业出版社陈桦、王惠，重庆大学建筑城规学院褚冬竹教授对于本书写作主题的认可以及在图书出版过程中的辛苦工作。

此外，我要特别感谢我的爱人苏泳涛、我的父母国正齐、李雅萍。他们为我分担生活的烦恼，化解研究中的压力，提供精神上和物质上的支持，使我能够全身心投入到研究工作中，最终完成了本书的写作。在本书写作的后期，爱子苏子彧降生。本书的写作过程与孕育生命的过程都给了我无比深刻的感受，努力地工作和生活，享受辛劳带给我们的点滴快乐，同时将劳动的成果与快乐分享给每一个人。

写作期间,有太多的人向我提供了无私的帮助,或许是一条信息、一个想法、一本新书、一句鼓励……给予过我帮助的人无法一一列举，在此衷心地向他们表示感谢，并把《建筑品质——基于工艺技术的建筑设计与审美》献给他们！